Hans Dominik • Eiserne Pferde

edition·epilog·de

Hans Dominik

Eiserne Pferde

Technische Plaudereien und Betrachtungen

Zeitreisen zur Kultur + Technik
Herausgegeben von Ronald Hoppe
edition·epilog·de

Bibliografische Information der Deutschen Nationalbibliothek:
Die Deutsche Nationalbibliothek verzeichnet diese Publikation
in der Deutschen Nationalbibliografie; detaillierte bibliografische
Daten sind im Internet über http://dnb.dnb.de abrufbar

Für diese Ausgabe wurden die Originaltexte in die aktuelle Rechtschreibung
umgesetzt und behutsam redigiert. Längenangaben und andere Maße
wurden gegebenenfalls in das metrische System umgerechnet.

Titelbild von Hans Baluschek
Ausgewählt, redigiert und gestaltet von Ronald Hoppe
Herstellung und Verlag: BoD – Books on Demand, Norderstedt

ISBN: 978-3-7534-7686-5

Inhalt

Nachklänge zur Motor-Fernfahrt Rund um Berlin

BERLINER TAGEBLATT • 4.9.1904

Die gelungene Motorfernfahrt Rund um Berlin dürften den endgültigen Beweis erbracht haben, dass das Motorzweirad keine unnatürliche und lebensunfähige Modesache ist, die heute aufkommt und morgen wieder verschwunden ist. Das Motorzweirad ist vielmehr heute bereits ein technisch recht vollkommenes und ganz außerordentlich leistungsfähiges Fahrzeug und dürfte bei seiner von Jahr zu Jahr weitergehenden Verbilligung dem Automobilismus das ganze Volk gewinnen, ähnlich wie es, herab bis zum Chausseearbeiter, dem Fahrrad gewonnen ist.

Nicht mit Unrecht wurde das Motorzweirad an dieser Stelle das Töff Töff des kleinen Mannes genannt. Nach ungefährer Schätzung kann man wohl sagen, dass der Radfahrer, der Motorradfahrer und der Besitzer eines großen schweren Tourenwagens sich in ihrer finanziellen Stärke etwa verhalten müssen wie 1:10:100. Gleich leicht muss der Radfahrer das Markstück, der Motorradfahrer das Zehnmarkstück und der Besitzer des schweren Wagens den Hundertmarkschein weggeben können, wenn anders sie ihre Karren gut und glatt im Laufe halten wollen. Diese Verhältnisse werden sich indessen noch sicher weiter zu Gunsten des Motorzweirades verschieben. Es spricht sehr für die bereits erreichte Vollkommenheit dieses Fahrzeuges, dass sich bereits ein Normaltyp ausgebildet hat, der in seinen Hauptpunkten von sämtlichen guten Fabriken akzeptiert ist. Die über der Vordergabel gelagerten Motoren sind in der Hauptsache aufgegeben worden. Der moderne Typ lautet: Lagerung des luftgekühlten Motors vor die Tretkurbel, einfacher Riemenantrieb auf das Rad, im Übrigen Vermeidung aller Komplikationen, wie etwa ausrückbare Kuppelungen oder zweifache Übersetzungen sie darstellen. Betreffend die Zündung scheint das Modell 1905 sämtlicher Firmen der elektromagnetischen Zündung den Vorzug zu geben, während die Akkumulatorzündung 1904 noch überwog.

Wenn auch das Modell 1905 heute bereits in seinen Hauptzügen bei allen Firmen vollständig feststehen dürfte, so geben doch Erfahrungen, wie sie in einem solchen Rennen immer wieder gesammelt werden können, häufig neue und weitere Anregungen. Der alte Satz, dass eine Konstruktion niemals stärker ist als ihr schwächster Teil, trifft natürlich auch für die des Motorrads zu. Dieser schwächste Teil war nun im Rennen Rund um Berlin ganz entschieden der Pneumatik. Die Mehrzahl der Fahrer musste unterwegs eingedrungene Nägel aus dem Reifen ziehen und im Anschluss daran natürlich zeitraubende Flickarbeit vornehmen Der gewöhnliche Sterbliche ahnt gar nicht, wie viele Nägel auf einer Landstraße liegen können, und wie sehr deren Anzahl unter Umständen am Tage eines Rennens noch steigen kann.

Der Schreiber dieser Zeilen fuhr das Rennen auf seinem Motorrad mit und erzielte bis zur Kontrolle Rüdersdorf einen Zeitgewinn von 40 Minuten. Dicht hinter dieser Kontrolle wurde der erste Nagel gerammt, und das Flicken des Hinterradreifens kostete 33 Minuten. Bis Oranienburg waren davon 21 Minuten wieder gewonnen, so dass immer noch ein Guthaben von 28 Minuten vorhanden war. Beim Ausfahren aus der Kontrolle Oranienburg wurde indessen Nagel Nummer zwei gefasst. Es wurde jedoch mit drinsteckendem Nagel weiter gefahren, da der Reifen einigermaßen Luft hielt, und alle 30 Kilometer stark nachgepumpt. Sechs Kilometer vom Ziel fuhr jedoch ein dritter Nagel in den Reifen und nun war es mit jeder Chance vorbei. Aus gleicher Ursache hatte ungefähr ein gutes Drittel der Fahrer das Rennen aufgeben müssen, während die Maschine in allen sonstigen Einzelheiten vorzüglich funktionierte. Es war eben reine Glückssache, ob man weniger oder mehr Nägel während der Fahrt fischte. Unter solchen Umständen wird man einem intensiven Pneumatikschutz allergrößte Aufmerksamkeit zuzuwenden haben. Kräftige Drähte an jeder Metallgabel dicht über den Reifen gespannt, dürften bereits als gute Schutzmittel gelten und manchen Nagel herausziehen, bevor er den Luftschlauch verletzt. Eine kräftige Extraeinlage zwischen Mantel und Luftschlauch dürfte die gute Wirkung dieser Nagelzieher unterstützen, ohne allzu viel Kraft zu fressen. Dagegen dürfte das Einschnallen der Pneumatiks in einen äußeren Ledermantel der Schnelligkeit des Rades doch wesentlich Abbruch tun und daher nur mit Vorsicht bei derartigen Prüfungsfahrten zu verwenden sein. Nebst dem Pneumatik verursachte der Riemen manchen Fahrern Schwierigkeiten. Zweifellos wird es sich nicht empfehlen, ohne einen Reserveriemen und einige Reserveriemenschlösser in eine Fahrt nach Art derjenigen rund um Berlin zu gehen. Andererseits ist jedoch der Gummiriemen mit Stoffeinlage, wie ihn beispielsweise die Kontinentalwerke liefern, eine recht zuverlässige Sache. Er braucht verhältnismäßig selten verkürzt zu werden und ist gegen feuchte Witterung im Gegensatz zum Lederriemen unempfindlich. Soweit das Modell 1905 mit Keilriemen ausgerüstet wird, dürfte daher der Gummiriemen den Lederriemen verdrängen. Beim Flachriemen, der unter Anwendung einer Spannrolle jedenfalls auch sehr zuverlässig ist, bleibt Leder in Anwendung.

Im übrigen werden die Fahrer, welche auf der Tour um Berlin Pech hatten, die Sache kaum tragisch nehmen. Auch das alte Pneumatikfahrrad hatte zuerst stets und ständig Havarien und hat sich in wenigen Jahren doch zu einem außerordentlich zuverlässigen Verkehrsmittel entwickelt. ❏

Eisenbahnunfälle und Sicherheitsvorrichtungen

DIE WOCHE • 12.8.1905

Die letzten Wochen brachten auf dem Netz der deutschen Eisenbahnen einige Eisenbahnunfälle mit sich, die wohl geeignet sind, Unruhe im reisenden Publikum zu erzeugen. Angesichts solcher Katastrophen, wie sie sich z. B. bei Altenbeken und Spremberg ereignet haben, vergisst man in der Tat leicht, dass die Chancen des einzelnen, von solchen Unfällen betroffen zu werden, viel geringer sind, als etwa die Aussichten, das große Los zu gewinnen. Wie bekannt, müsste man ja im Durchschnitt 400 Jahre auf der Eisenbahn fahren, um einen Unfall zu erleben. Man müsste ferner 2000 Jahre reisen, um nach der Wahrscheinlichkeitsrechnung getötet zu werden. Solche statistischen Erwägungen verblassen natürlich, wenn wir ein Unglück von der Art der ebengenannten erleben. Wir sehen nur die zermalmten Opfer und denken, dass auch wir in gleicher Lage sein könnten.

Deshalb dürfte es vielleicht gerade jetzt wohl am Platz sein, einen Blick auf die Sicherheitsmaßnahmen zu werfen, die bestimmt sind, Leben und Gesundheit der Passagiere zu schützen, und diese Aufgabe in den allermeisten Fällen ja auch erfüllen.

Im Allgemeinen können Eisenbahnunfälle durch dreierlei Ursachen hervorgerufen werden, nämlich durch elementare Naturereignisse, durch Fehler des Materials und durch Fehler des Betriebspersonals.

Die erstgenannte Gruppe spielt bei uns in Deutschland kaum eine nennenswerte Rolle. Gewiss werden auch bei uns durch Überschwemmungen gelegentlich Bahndämme unterwaschen und durch schweren Eisgang Brückenpfeiler gefährdet. Aber diese Ereignisse treten stets allmählich ein, so dass man sich vor den Folgen schützen kann. Wir kennen nicht amerikanische Wirbelstürme, die einen Zug in voller Fahrt aus dem Gleis werfen, oder Lawinenstürze und Schneeverwehungen plötzlicher Art, die den Betrieb gleichfalls schwer gefährden. Dafür aber sind auch bei uns Fehler von Material und Menschen möglich, und eine der Hauptaufgaben der Eisenbahntechnik besteht eben in der Herstellung von Vorrichtungen, die die Folgen solcher Fehler nach Möglichkeit verhindern sollen.

Das Eisenbahnmaterial unterliegt zunächst bei der Abnahme von der Fabrik einer sehr scharfen Prüfung. Selbstverständlich wird jedes einzelne Stück genau besichtigt. Aber noch nicht genug damit, wählt man aus jeder Lieferung unter zufälligem Zugreifen ein Stück aus, beispielsweise aus einem Haufen angelieferter Achsen eine einzelne Achse und prüft diese bis zur Zerstörung. So nimmt man mit solcher Achse zunächst die Fallprobe vor, das heißt, man schleudert sie aus zwanzig und mehr Meter Höhe auf Granit oder Eisen herunter und sieht, wie ihr das bekommt. Bricht die Achse etwa dabei, so wird sofort die ganze Lieferung verworfen. Hält sie es aus, so wird die Probe fortgesetzt. Man schneidet einzelne Stücke aus der Achse heraus und bearbeitet diese auf besonderen Maschinen. Einzelne Stücke werden auf der Zerreißmaschine zerrissen, andere werden zerbogen und zerknickt. Nur wenn das Material dieser gewaltsamen Zerstörung einen ganz bestimmten Widerstand entgegensetzt, wird die Lieferung abgenommen.

In ähnlicher Weise wird jede Radbandage und jede Schiene nur aus derartig geprüften Lieferungen entnommen. Bei Anlagen und Baulichkeiten, bei denen die Materialprüfung an sich nicht möglich ist, bestehen bestimmte Vorschriften für die Ausführung, die eine hinreichende Sicherheit gegen Einsturz bieten. Wenn sich trotzdem eine Katastrophe, wie der Einsturz des Rehbergtunnels bei Altenbeken, ereignen konnte, so muss man wohl annehmen, dass hier unvorhergesehene Zustände, wie beispielsweise ein plötzlich auftretender Gebirgsdruck, mitgewirkt haben. Sicherlich bildet dies keine Entschuldigung für den Unfall, aber immerhin eine Erklärung.

Neben diesen Maßregeln zur Sicherung des Materials sind nun die zur Sicherung des Betriebs zu nennen. Die vornehmste dieser Einrichtungen ist die von Werner Siemens erfundene elektrische Blockierung der Strecke. Das Prinzip des Blocks ist kurz Folgendes: die Bahnstrecke ist in einzelne Abschnitte, die sogenannten Blockstrecken, geteilt, und grundsätzlich und ein für alle Mal soll nur ein Zug sich auf einer Blockstrecke befinden. Es soll nur dann ein zweiter Zug in die Strecke einfahren dürfen, wenn der erste sie verlassen hat. Wird diese Vorschrift befolgt, so sind natürlich Zusammenstöße unmöglich. Um die Befolgung zu erzwingen, sind die folgenden Einrichtungen vorgesehen. Je zwei Blockstrecken sind durch einen Signalmast geteilt. Steht der Signalarm an diesem Mast waagerecht, so darf kein Zug das Signal passieren. Vielmehr muss dazu der Arm erst um 45° gehoben, muss die Strecke, wie der Fachmann sagt, freigegeben werden. Weiter befindet sich nun auf jeder Blockstrecke ein sogenannter Blockapparat, der mit den beiden nächsten Blockstrecken in eigenartiger Verbindung steht. Nehmen wir einmal an, ein Zug befinde sich auf der ersten Blockstrecke und fahre in die zweite ein. Sobald er eingefahren ist, muss der betreffende Blockwärter hinter ihm das Signal waagerecht stellen, das heißt, die Strecke sperren, denn vorläufig darf ja nun kein anderer Zug mehr einfahren. Sobald er das Signal gesenkt hat, drückt er gegen einen Hebel seines Blockapparats. Dadurch fällt im Blockapparat der zurückliegenden Station eine rote Scheibe, und es erscheint eine weiße, während ein Induktorwecker durch sein Schnurren und Rasseln die Aufmerksamkeit des dortigen Beamten erregt. Für diesen bedeutet nun die weiße Scheibe, dass der Zug aus seiner Blockstrecke heraus ist, und dass er diese daher für weitere Züge freigeben kann. Für gewöhnlich ist dabei das Signal noch mit dem Blockapparat derartig verbunden, dass der Wärter es überhaupt nur heben, also die Strecke freigeben kann, wenn der nächste Block auch wirklich freigemeldet hat. Bei solcher Anordnung ist ein Unfall praktisch ausgeschlossen, solange es sich um zweigleisige Strecken handelt, solange also auf einem Gleis nur Züge in der gleichen Richtung verkehren. Denn unbefugterweise kann ja kein Wärter ein Signal heben, solange es durch den vorliegenden Block verriegelt ist. Der

Signalwärter könnte also nur vergessen, nach der Durchfahrt eines Zugs das Signal wieder waagerecht zu stellen. Dann wird er aber auch vergessen, die Strecke nach rückwärts frei zumelden, und es tritt wohl eine Betriebsstockung, aber kein Unfall ein. Ein solcher könnte praktisch nur durch Böswilligkeit, die natürlich nicht in Frage kommt, hervorgerufen werden, da ein Versagen der Blockapparate bei ihrer gegenwärtigen technischen Vollkommenheit kaum in Frage kommt.

Zusammenstöße sind daher nur auf eingleisigen Strecken denkbar, weil sich hier die Verhältnisse in der Tat sehr kompliziert gestalten. Daher soll man solche Strecken bei einigermaßen lebhaftem Verkehr zweigleisig ausbauen.

Für die eingleisige Strecke gibt es nur ein absolut sicheres System, das Stab- oder Knüttelsystem, das wir in einfachster Form im Spreetunnel in Berlin haben. Dort existiert ein Holzknüttel bestimmter Art, und nur der Fahrer, der im Besitz des Knüttels ist, darf in den eingleisigen Tunnel einfahren. Da es nun nur einen Knüttel gibt, so kann logischerweise auch nur ein Wagen im Tunnel sein, und Zusammenstöße sind absolut ausgeschlossen. Man hat versucht, dieses an sich unendlich einfache Prinzip in Amerika auch für kompliziertere Betriebe unter dem Namen Staff-System auszubilden, aber vorläufig sind diese Apparate noch nicht zur Einführung in Deutschland reif. Hier wird man wohl oder übel verkehrsreiche Strecken zweigleisig ausbauen müssen und dadurch bei Verwendung der landläufigen Blockapparate vor Kollisionen völlig gesichert sein. ❐

Mechanische Boten

Während bei uns in Deutschland in großen Geschäftshäusern, Banken, Hotels und dergleichen die Nachrichtenübermittlung durch ausgedehnte und recht geschickt angelegte Telefonanlagen bereits gut entwickelt ist, lässt sich etwas Ähnliches von dem mechanischen Botendienst kaum behaupten. In der überwiegenden Mehrzahl aller Fälle wirtschaften die großen Institute bei uns mit Laufjungen, die die Schriftstücke, Dokumente usw. von Büro zu Büro schaffen. Wer einmal mit Laufjungen gearbeitet hat, wird wissen, dass diese Art des Botendienstes keineswegs das Ideal darstellt. Laufjungen sind eben auch Menschen und als solche Irrtümern unterworfen. Sie sind ferner junge Menschen und daher allerlei zeitraubendem Unfug nicht immer abgeneigt.

Unter solchen Umständen verdient die Einführung maschineller Transportvorrichtungen, die Einführung mechanischer Boten an Stelle der lebendigen jedenfalls besondere Beachtung. Die Anfänge dazu sind in Deutschland, wie gesagt, ziemlich gering. Allgemeiner gebräuchlich sind vorläufig nur die Aktenaufzüge, mit deren Hilfe die Schriftstücke von einer Etage in die andere geschafft werden, und durch die wenigstens das Treppenlaufen nach Möglichkeit vermieden wird. Sehr praktisch sind solche elektrischen Aufzüge mit Druckknopfsteuerung. Der Bote drückt dabei in seiner Etage auf einen Knopf und holt dadurch den Aufzug heran. Alsdann legt er die Akten ein und drückt je nach der Etage, für die die Sachen bestimmt sind, auf diesen oder jenen Knopf eines in seiner Etage befindlichen Tableaus, worauf der Aufzug selbsttätig an seinen Bestimmungsort fährt.

Außerdem haben bei uns in Fabriken und Kaufhäusern vielfach die sogenannten Kugelposten Anwendung gefunden. Die Schriftstücke werden dabei in hohle Kugeln gesteckt, die gewöhnlich aus hartem Holz zweiteilig hergestellt werden. Der Transport erfolgt dabei nach dem von der Kegelbahn zur Genüge bekannten Prinzip der schiefen Ebene. Beispielsweise steckt der Beamte an der Verpackungsstelle eines Warenhauses ein Duplikat der Rechnung in eine Holzkugel, die dann auf einer leicht geneigten Ebene bis zur Kasse rollt und dort in einen Sammelkasten fällt. Hierbei bietet sich bereits die Möglichkeit, auf der gleichen Bahn Posten zu verschiedenen Stationen zu befördern, indem man die Löcher über den Sammelkästen der näheren Stationen kleiner, über denen der entfernteren Stationen größer macht. Für entferntere Stationen werden alsdann größere Kugeln gewählt, die über die Sammelkästen der näheren Stationen hinwegrollen, ohne hineinzufallen.

Natürlich ist die Anwendbarkeit dieser Kugelposten beschränkt, da der Weg von der Aufgabestelle zum Ziel immer nach unten führen muss. Immerhin können sie einen beträchtlichen Teil des Botenverkehrs ersetzen, sofern es sich nur um eine Vermittlung von oben nach unten oder innerhalb der gleichen Etage handelt.

Für einen vollständigen Ersatz des Botendienstes durch mechanische Einrichtungen sind natürlich erheblich andere Mittel erforderlich, und hier dürfen uns die Anlagen von England und Amerika als vorbildlich gelten.

Dort finden wir in allen großen Hotels und Warenhäusern, ferner aber auch in vielen Verwaltungsgebäuden der Regierung ausgedehnte Anlagen, die einen zuverlässigen Transport von Schriftstücken und Waren aller Art aus und nach jedem Raum eines solchen Gebäudes gestatten.

Dabei kommen hauptsächlich zwei Systeme in Betracht. Erstens das pneumatische, das wir auch in Berlin bei der Rohrpost haben. Dabei führen von jeder Stelle, die etwa zu expedieren hat, Rohrleitungen nach einer Zentrale. Die betreffende Stelle packt ihre Sendung, in eine Büchse geschlossen, in das Rohr, pustet sie durch einen Hebeldruck mittels komprimierter Luft zu der Zentrale, die sie an den Bestimmungsort weiter bläst. Solche pneumatischen Anlagen finden sich beispielsweise im Waldorf Astoria Hotel in New York, im Savoy Hotel in London, im Caledonian und North British Hotel in Edinburgh und im Midland Hotel in Manchester. In diesen Gasthöfen befördert die pneumatische Anlage die Postsachen der Gäste sofort in die Stockwerke, in denen die Empfänger wohnen, während bei uns solche Sachen manchmal recht lange beim Portier liegenbleiben. Im weiteren findet sich eine sehr ausgedehnte pneumatische Anlage im Kaufhaus von Wadell in Glasgow. Dort sind unter anderem 55 Nebenkassen durch pneumatische Leitungen mit der Hauptkasse verbunden und führen ihre Einnahmen fortwährend an diese ab.

Neben dem pneumatischen System ist der Transport am endlosen Seil sehr bemerkenswert und recht verbreitet. Bei einer solchen Einrichtung durchzieht ein endloses Seil die sämtlichen Räumlichkeiten, die Schriftstücke oder Waren irgendwelcher Art auszutauschen haben. Dies Seil wird durch einen Elektromotor in ständigem Vorwärtsgang gehalten und trägt in gewissen Abständen kleine Zacken oder Nocken. Jedes Büro hat einzelne Manuskriptwägelchen, die an das Seil gehängt werden können und dann vom nächsten Nocken mitgenommen werden. Dabei besitzt das Wägelchen einen Anschlaghebel, der für jeden einzelnen Fall besonders gestellt werden kann und je nach der Hebelstellung an einer ganz bestimmten Station ausgekippt wird.

Diese einfachste Form der Aktenbeförderung hat nun für bestimmte Zwecke noch eine weitere Ausbildung erfahren. Man hat dem mechanischen Boten den allergrößten Teil der Arbeit übertragen, wo immer es sich um einen intensiven Aktenverkehr handelt. Für solchen Fall sind im einzelnen Büro unter dem Seil Einwurfkörbe angebracht, in die die einzelnen Schriftstücke, nach den Büro, in die sie gelangen sollen, gesondert, einfach hineingeworfen werden. Die Wägelchen passieren dann die Büros fortwährend in steter Fahrt und leeren dabei völlig selbsttätig die Aktenkörbe in jedem Raum, um die entnommenen Akten ebenso selbsttätig an ihrem Bestimmungsort abzugeben. Man darf dieses sogenannte Lamsons-System wohl mit Fug und Recht als das vollkommenste, was bisher auf diesem Gebiet existiert, bezeichnen. Durch eine solche Einrichtung werden die Geschäfte eines Hauses selbst in ständigem Fluss gehalten. Es wird das Arbeitsmaterial sofort schnellstens an seinen Bestimmungsort gebracht, und das bei dem alten Verfahren so beliebte Verbummeln von Aktenstücken oder Geschäftsbriefen ist so gut wie ausgeschlossen. Selbstverständlich braucht das System sich nicht auf den Aktentransport zu beschränken, sondern findet ebenso gut für die Waren des Kaufhauses und für die Erzeugnisse der Fabrik Anwendung.

Die vorstehenden Ausführungen dürften den Wert und die Wichtigkeit solcher mechanischen Boten zur Genüge erläutert haben. In der Tat ist eine derartige Hilfsvorrichtung für ein großes modernes Kauf- oder Verwaltungshaus beinah unentbehrlich.

Andernfalls ist ja immer in einem sehr großen Betrieb die Gefahr vorhanden, dass die inneren Reibungswiderstände allzu groß werden und dass er unrationeller arbeitet als der kleine oder mittelgroße Betrieb. Hier bietet aber die moderne Technik die Möglichkeit, solche Widerstände zu überwinden.

Interessant sind zum Beispiel die Verhältnisse in Berlin, wo jetzt ein neues Rathaus, beträchtlich entfernt von dem alten, geplant ist. In Berlin erleben wir zur gleichen Zeit auch die räumliche Trennung eines anderen großen Verwaltungskörpers, nämlich des Kaiserlichen Patentamts, in zwei ungefähr gleich große Teile. Selbstverständlich ist es theoretisch schöner und besser, wenn man solche Verwaltungen in einem Gebäude zentralisieren kann. Wo das aber nicht angeht, gestattet die heutige Technik auch die räumliche Zerlegung. Das lautsprechende Tischtelefon gestattet dabei jederzeit und ohne Anstrengung die ausführlichste Aussprache der betreffenden Dezernenten über einen Gegenstand, und die pneumatische Spezialverbindung erlaubt es, dass die Akten über den Gegenstand im Zeitraum weniger Minuten zwischen den beiden Parteien hin- und herwandern.

Zweifellos ist der Gang der Dinge dahin gerichtet, den lebendigen Boten in großen Geschäftsbetrieben immer mehr auszuschalten und dafür die mechanische Beförderung einzuführen, die auch hier die drei großen Vorzüge der Maschine gegenüber dem menschlichen Organismus aufweist, nämlich die größere Zuverlässigkeit, Schnelligkeit und Billigkeit.

Die Zukunft der Automobilomnibusse

Die Woche • 3.3.1906

In der Geschichte unserer Verkehrstechnik spielt der Omnibus eine besonders interessante Rolle. Während die anderen öffentlichen Verkehrsmittel, die Eisenbahnen und Tramways, nach ihrem Bekanntwerden eine stetige Entwicklung nach oben aufweisen, verläuft die Daseinskurve des Omnibusses in Wellenform. Auf Perioden seiner Blüte folgen Jahre, ja sogar Jahrhunderte, in denen er stark an Schätzung und Benutzung verliert, um dann zu desto höherem Glanz wieder aufzuerstehen.

Die ersten Omnibusse tauchten 1662 in Paris auf und beförderten ihre Passagiere für 25 Pfennig durch die Stadt. Aber nach wenigen Jahren schlief das Unternehmen ein, und erst das Jahr 1823 brachte wiederum in Paris neue Omnibusse, denen alsbald die Londoner und Berliner Wagen folgten. In der späteren Geschichte des besprochenen Vehikels, dessen Stammbaum übrigens manche Leute bis auf die Arche Noah zurückführen, müssen wir nun Stadt- und Überlandomnibusse unterscheiden. Dem Stadtomnibus entstand als schärfste Gegnerin die Straßenbahn, dem Überlandomnibus die Eisenbahn. Es gab beispielsweise in Berlin Seiten, da man die Omnibusse für völlig abgetan hielt, und in denen ein anständiger Mitteleuropäer sich überhaupt schämte, in einem Berliner Omnibus gesehen zu werden. Auch die Überlandomnibusse galten lange Zeit nur als ein Aushilfsmittel, auf das man verfiel, solange keine Straßen- oder Kleinbahn auf der betreffenden Strecke zu erreichen war. Der Omnibus, dem die erste Hälfte des neunzehnten Jahrhunderts noch einmal Glanz und Blüte brachte, schien in dessen zweiter Hälfte dem endgültigen Aussterben geweiht zu sein.

Das zwanzigste Säkulum gab aber der Sache ein ganz anderes Aussehen. Es brachte in den ersten fünf Jahren jene wundervolle Entwicklung der Motorwagentechnik, die bisher in der Geschichte nicht ihresgleichen hat. Es fand ferner asphaltgepflasterte Städte vor, in denen besondere Straßenbahnschienen eigentlich einen recht überflüssigen Überfluss bedeuten. Solange auch unsere Großstädte noch jenes herz- und stiefelzerreißende Pflaster besaßen, welches wir heute noch in manchen Kleinstädten bewundern können, war die Straßenbahnschiene berechtigt. Im asphaltgepflasterten Straßenplanum ist sie tatsächlich entbehrlich. Das zwanzigste Jahrhundert fand ferner außerhalb der Städte Chausseen, die wenigstens für pneumatikbereifte Räder die Schiene entbehrlich machen, und alle diese günstigen Umstände zeitigten ein neues Gefährt: den Automobilomnibus.

Die Besucher der diesjährigen Internationalen Automobilausstellungen zu London, Paris und Berlin konnten solche Omnibusse in Menge bewundern, und Aufschriften wie ›Zehnmal verkauft‹ oder sogar ›Zweiundzwanzigmal verkauft‹ waren an den Fahrzeugen zu finden. Wer Augen hatte zu sehen, der sah, dass ein neuer glänzender Aufschwung des alten Omnibusses in der verbesserten Form des Automobilomnibusses vorliegt.

Drei Dinge sind es, die man vom modernen Automobilomnibus verlangt.

Er soll erstens absolut betriebssicher sein. Das Publikum legt gar keinen Wert darauf, zwei Stunden im Chausseegraben zu sitzen, während der Chauffeur am Motor flickt. Die moderne Technik liefert nun Wagen von absoluter Betriebssicherheit, die auf mannigfachen Probefahrten Tausende von Kilometern ohne Maschinendefekt zurückgelegt haben. Es braucht in dieser Beziehung nur an die im letzten Herbst vom Kaiserlichen Automobilclub veranstaltete Konkurrenzfahrt durch die Mark Brandenburg und Mecklenburg erinnert zu werden, an der drei Omnibusse teilnahmen und ohne jeden Defekt auf den schlechten Herbstchausseen rund tausend Kilometer zurücklegten, wobei durch Sandsäcke jeder Wagen auf volle Besetzung belastet wurde.

Zweitens verlangt man, durch Eisenbahnwagen und luxuriöse Straßenbahnwagen verwöhnt, auch einen angenehmen und komfortablen Aufenthalt im Omnibus. Die modernen Omnibuskarosserien zeigen durchgehend eine behagliche und mit gesundem Luxus ausgerüstete Ausstattung.

Drittens endlich, und das ist die wichtigste und erst zuletzt wirklich erreichte Forderung, soll der Automobilomnibus wirtschaftlicher arbeiten als die etwa neben ihm in Frage kommenden Fahrzeuge. Er muss in den Straßen der Stadt im Gegensatz zu den Straßenbahnen Fünfpfennigteilstrecken bieten, und er muss auf der Landstraße wenigstens

ebenso billig befördern wie die vierte Klasse der Kleinbahn. In beiden Fällen aber muss das Omnibusunternehmen wenigstens eine vierprozentige Verzinsung des Anlagekapitals abwerfen.

Die Praxis hat gezeigt, dass diese Wirtschaftlichkeit wohl zu er reichen ist und auch bei rigorosesten Abschreibungen erreicht wird.

Betrachten wir einmal einen Automobilomnibus, der 32 Personen befördern kann und in moderner Ausführung mit Vollgummibereifung und vierzylindrigem 25 PS-Motor rund 23 000 Mark kostet. Ein solcher Wagen entwickelt eine Reisegeschwindigkeit von rund 20 km/h. Unter der Voraussetzung, dass der Wagen den Tag 15 Stunden Dienst tut, ergibt das am Tag 300 km und im Jahr rund 100 000 km. Nehmen wir nun weiter sehr strenge an, dass der Omnibus in vier Jahren vollkommen wertlos werde, so müssen wir ihn auf 400 000 km mit 25 000 Mark abschreiben, wir müssen also auf den Kilometer 6 Pfennig Abschreibung rechnen. Einer besonderen Abnutzung unterliegt der Gummi. Eine vollständige Reifengarnitur kostet 2000 Mark und hält 20 000 km. An Gummi kostet uns also der Kilometer 10 Pfennig. Ferner wollen wir den Omnibus auch verzinsen. Vier Prozent von 25 000 Mark machen 1000 Mark, die sich auf 100 000 km verteilen. Die Verzinsung kostet uns also für den Kilometer einen Pfennig. Nun kommt das Benzin. Man rechnet pro PS und Stunde eines guten Motors 0,3 kg Benzin. Unser 25 PS-Motor frisst also in der Stunde 7,5 kg Benzin, und da der Kilogramm etwa 32 Pfennig kostet, verzehrt er in der Stunde für 2,40 Mark Benzin. Dazu wollen wir noch für 60 Pfennig Schmieröl rechnen, so dass auf die Stunde, d. h. auf 20 km, 300 Pfennig kommen, wir also auf den Kilometer 15 Pfennig für Benzin und Schmieröl buchen müssen. Bis jetzt betragen also unsere Ausgaben: für den Kilometer: 1 Pf. für die Verzinsung, 6 Pf. für die Abschreibung, 10 Pf. für Gummi und 15 Pf. für Benzin, insgesamt also 52 Pfennig. Der Chauffeur bekommt den Tag 5 Mark, die Einstellung des Wagens über Nacht kostet auch noch 1 Mark, so kommen für 300 tägliche Kilometer noch 6 Mark hinzu, und der Kilometer kostet uns jetzt im ganzen 34 Pfennig.

Nun nimmt die Eisenbahn für den Kilometer 4. Klasse 2 Pfennig, und mehr dürfen wir also unserer Omnibuskundschaft auch nicht abnehmen. Wenn wir also nach diesem Satz einkassieren wollen, so müssen wir, um auf unsere Kosten zu kommen, den Omnibus, der 32 Personen fasst, durchschnittlich mit 17 Personen besetzt haben, wir müssen durchschnittlich mit halbvollem Wagen fahren. Jeder weitere Passagier wäre dann blanker Gewinn.

In Wirklichkeit aber liegen die Verhältnisse für unsern Omnibus sogar noch günstiger. Weder die Straßenbahn noch die Eisenbahn verkaufen Zwei- oder Vierpfennigbillette. Infolgedessen können wir unsere Preise auch auf 5 bzw. 10 Pfennig abrunden und beim Überlandomnibus überhaupt mit der Zehnpfennigstrecke anfangen. Dadurch ergibt sich eine nicht unerhebliche Steigerung der Einnahmen, so dass auch bei einer geringeren Wagenbesetzung noch eine genügende Verzinsung erreicht wird.

Schließlich und endlich sind die Verhältnisse der Eisenbahn nur dort maßgebend, wo ein derartig dichter Verkehr herrscht, dass die Errichtung einer Kleinbahn ernstlich in Frage kommt. Dort aber fahren die Wagen nicht halb oder ein Drittel besetzt, sondern, wie der Berliner sagt, knüppeldicke voll.

Auf wirklich abgelegenen verkehrsarmen Strecken, auf denen eine Kleinbahn nicht einmal die traurige Verzinsung von 1,5 – 2 % bringt, braucht sich auch der Automobilomnibus nicht an die Bahnsätze zu halten, sondern kann die Tarife des Pferdeomnibusses zum Vorbild nehmen, welche beispielsweise in der Mark Brandenburg im Allgemeinen das Doppelte betragen und auch bei ein Viertel besetzten Wagen noch die Rentabilität sichern würden.

So weit die graue Theorie der Zahlen. Die Praxis gibt ihnen allenthalben in Deutschland, Frankreich und England, wo immer Automobilomnibusse laufen, recht und beweist, dass der Automobilomnibus für Stadt sowohl wie Land ein wichtiges Verkehrsmittel der Zukunft ist. ❐

Eiserne Pferde

Wieder sind wir in der Reisezeit, in der jeder, der es vermag, der Stadt den Rücken kehrt und der Natur zustrebt. Auf den Bahnhöfen ein letztes Hasten und Drängen, und ein schöner Eckplatz im behaglichen D-Zugwagen ist glücklich erobert. Noch zehn Minuten bis zur Abfahrt. Da plötzlich ein leichter Stoß, der sich durch die lange Wagenreihe fortpflanzt. Die Lokomotive hat sich vor den Zug gesetzt. Mehr als tausend Pferdestärken sind bereit, ihn im Hundertkilometertempo auf eisernen Wegen fortzuführen. Das erste Lebenszeichen der Maschine! Die Bremsen fliegen krachend gegen die Räder. Gleich darauf hören wir zischend, als atme ein Riese, die Bremsluft aus den Bremszylindern entweichen.

Die Bremsprobe ist vorüber. Ein Pfiff des Zugführers, ein ungleich stärkerer der Lokomotive, und langsam setzt sich der Zug in Bewegung. Schneller und immer schneller wird das Tempo, und in einer zweistündigen ununterbrochenen Fahrt legen wir eine Entfernung zurück, für die die Extrapost vergangener Zeiten zwei Tage gebrauchte.

Dann ein kurzer Halt. Unser Pferd ist durstig und trinkt. Aber man kann es schon besser saufen nennen, denn etwa 20 m³ Wasser, verschwinden in seinem Bauch. Dann geht es weiter. Noch einmal zwei Stunden, und wir stehen am der brausenden Nordsee.

Keuchend und schnaufend hält unser Dampfross, als ob der fünfzig Meilen weite Lauf es außer Atem gebracht hätte. In Wirklichkeit sind es nur die Luftpumpen, die neue Bremsluft in die Behälter pressen. Aber darum wirkt die Erscheinung immer wieder dämonisch, mutet es immer wieder an, als verschnaufte sich ein Riese nach atemlosem Lauf.

Als Stephenson vor 80 Jahren seine berühmte Erstlingsmaschine ›The Rocket‹ laufen ließ, da versuchten die Postillione der Extraposten noch einen kleinen Wettlauf mit ihr. Sie glaubten, mit sechs lebendigen Pferdekräften den 25 Maschinenpferden der Rocket gleichkommen zu können, aber sie wurden schon damals geschlagen. Nach den weltberühmten Wettfahrten vom 6. – 12. Oktober 1829 war das Schicksal der Lokomotiven zum Guten entschieden, und die Nachkommenschaft der Rocket beträgt heute mehr als zweihunderttausend.

Aber nicht allein die Zahl ist gewachsen, sondern auch das einzelne Individuum. Aus den 25 PS wurden tausend bis fünfzehnhundert. Aus den zwei Achsen wurden fünf bis zehn, und das Gewicht vervielfachte sich. Und auch in Rassen und Arten spaltete sich der Stammbaum der Lokomotiven. Neben den Schnellzugmaschinen, die auf Zweimeter hohen Rädern Geschwindigkeiten von hundert und mehr Kilometern erreichen und unsere Züge in der Ebene befördern, finden wir die schweren Güterzugmaschinen, die einen hundertachsigen Zug langsam, aber mit unwiderstehlicher Gewalt hinter sich herschleppen. Neben den Riesen des Geschlechtes, den gewaltigen Vollbahnmaschinen von 22 und mehr Meter Länge und einigen 55 000 Kilogrammen Dienstgewicht, stehen die Zwerge, die kleinen beweglichen Baulokomotiven, die auf flüchtig verlegtem Feldbahngleis eine lange Reihe von Sandkarren schleppen. Neben den glatträdrigen Schnellläufern der Ebene finden wir die Vertreter eines weitgetriebenen Alpinismus: die krachsellustigen Zahnradbergbahnlokomotiven. Wo die glatte Sohle, der schimmernde Radkranz nicht mehr Halt findet, da nimmt der Bergsteiger die nägelbeschlagenen Schuhe, die Berglokomotive schlägt die Zähne ihres Triebrades in die Zahnlücken einer endlosen Zahnstange.

Und auch nach Lebensart und Lebensführung unterscheiden sich die Maschinen. Da haben wir die ältere einfache Zwillingsexpansionsmaschine. In zwei Zylinder schluckt sie den frischen Kesseldampf von zwölf Atmosphären Spannung, lässt ihn bis auf etwa drei Atmosphären im Zylinder expandieren, das heißt, sich ausdehnen, und jagt ihn dann nach getaner Arbeit mit mächtigem Puff ins Freie. Da finden wir ferner die wirtschaftlichere Compound- oder Verbundlokomotive, die den Dampf nicht so billigen Kaufes entwischen lässt. Sie schluckt den frischen Kesseldampf nur in den einen Zylinder, und nachdem er dort Arbeit geleistet hat, wird er in den zweiten größeren Zylinder geleitet und muss auch dort noch wirken, bis ihm endlich, nachdem seine Tatkraft, seine Spannung auf das Niedrigste gesunken ist, der Ausweg ins Freie gestattet wird.

Wir finden weiter die Gruppe der Heißdampflokomotiven, die nicht mit dem gewöhnlichen Kesseldampf, wie er sich im Dampfdom des Kessels sammelt, vorliebnehmen. Für die wird dieser sogenannte gesättigte Kesseldampf erst noch in besonderen Überhitzern, vom

Kesselwasser getrennt, um 100–150° weiter erhitzt und gelangt dann in die Zylinder. Durch diese Überhitzung wird es vermieden, dass der expandierende Dampf in den Zylindern Wasser ausscheidet. Seine Arbeit wird wirtschaftlicher, und die Kohlenwärme, die man dem Überhitzer zuführt, ist gut angelegt. In der Tat ist es nur durch die Compoundierung sowohl wie durch die Dampfüberhitzung gelungen, die Wirtschaftlichkeit der Maschinen erheblich zu verbessern. Während Stephenson einst pro PS und Stunde noch 4–5 kg Kohle gebrauchte, kommen moderne und wirtschaftliche Lokomotiven mit 1–0,75 kg pro PS und Stunde aus. Sie erreichen zwar nicht die Ökonomie der großen Schiffsmaschinen, die mit 0,5 kg Kohle auskommen, aber sie leisten immerhin, was unter den beschränkten Raumverhältnissen des normalen Bahnprofils möglich ist.

Im Übrigen sind unsere Techniker selbst mit ihren gegenwärtigen Leistungen noch nicht zufrieden. Der Ruhm der beiden elektrischen 3000 PS-Riesenlokomotiven, die auf der Strecke Berlin–Zossen 210 km/h fuhren, lässt sie nicht schlafen.

Allgemein bekanntgeworden sind ja die deutschen Riesendampflokomotiven der letzten Weltausstellung von St. Louis, die auch über 2000 PS entwickelten und mit mehr als zwei Zylindern arbeiteten. Die Hoffnung, mit diesen oder ähnlichen Dampfgiganten auf glatten Strecken, wie zum Beispiel der Linie Berlin–Hamburg, Reisegeschwindigkeiten von erheblich mehr als 100 km/h zu erreichen, ist auch heute noch nicht aufgegeben worden. Vorläufig bedeuten 90 km/h, d.h. 25 m in der Sekunde, die normale Leistung unserer Schnellzugmaschinen, und mit welcher Zuverlässigkeit sie ihre Arbeit bei jedem Wind und Wetter verrichten, davon zeugen unsere Fahrpläne, die auf 100 Meilen lange Strecken auf die Minute eingehalten werden. Davon zeugt unser ganzer Eisenbahndienst, in dem Zugverspätungen zu den seltenen Ausnahmen gehören.

Freilich ist unsere Eisenbahnbautechnik eine außerordentlich solide und schwere. Beträgt doch, wie bereits vorstehend erwähnt, das Gewicht einer großen Schnellzuglokomotive etwa 55 000 kg während ein Rennautomobil, das auf schienenlosen Wegen die gleichen Geschwindigkeiten erreicht, nur etwa 1000 kg wiegt. Es fehlt daher in unserm automobilistischen Zeitalter nicht an Stimmen, die behaupten, dass die Eisenbahntechnik auf Grund der automobiltechnischen Erfahrungen völlig umlernen müsse. Wie sich die Dinge weiter entwickeln werden, kann heute natürlich noch niemand voraussagen. So viel ist gewiss: Einstweilen bleibt die schwere, aber leistungsfähige Dampflokomotive der treuste und zugleich zuverlässigste Freund aller Reisenden. ❏

Der persönliche Kunstflug

Das Streben der Menschen, sich in die Lüfte zu erheben ist uralt und findet seinen Ausdruck in mehr als einer Volkssage. Dädalus und Ikarus in der griechischen Sage und der kunstreiche Schmied Mime im deutschen Mythos sind die ersten Vertreter menschlichen Fluges. Aber das Sehnen der Menschheit, sich von den Banden der Schwerkraft frei zu machen, blieb unerfüllt bis in die letzten Jahre. Die Erfindung des Luftballons blieb nur ein Surrogat. Sie unterscheidet sich vom selbstständigen Kunst- und Segelflug, den unsere Möwen und Albatrosse ausüben, wie etwa eine Fahrt auf einem treibenden Floß von der selbstständigen Bewegung eines geschickten Schwimmers absticht.

Zu allen Zeiten und in allen Jahrhunderten sind dann Erfinder aufgestanden, die irgendeinen mehr oder weniger – meist aber weniger – zweckmäßigen Apparat konstruierten und damit einen Flug versuchten. Stets ging die Sache schief und die Erfinder von Flugmaschinen wurden nachgerade mit denen des *Perpetuum mobile* in eine Reihe gestellt.

Die neue Ära auf dem Gebiet der Flugmaschine beginnt Anfang der 1890er-Jahre mit dem Auftreten des deutschen Ingenieurs Lilienthal. Lilienthal folgerte ungefähr folgendermaßen: Wenn ich heute irgendeinen des Schlittschuhlaufens Unkundigen mit den allerschönsten Schlittschuhen auf die Eisbahn schicke, so wird er bei seinen ersten Versuchen unter allen Umständen jämmerlich auf die Nase fallen. Das liegt aber nicht an den Schlittschuhen, sondern vielmehr daran, dass der Mann ungeübt ist, dass ihm noch jenes feine Gefühl für den Schwerpunkt fehlt, das der geübte Schlittschuhläufer besitzt und das das Muskelsystem zu fortwährenden unwillkürlichen Korrekturen veranlasst, so dass schließlich die schönsten Bogen und Schleifen mit Sicherheit gezogen werden. Genau die gleichen Verhältnisse herrschen auch auf dem Gebiet des Segelfluges. Wir sehen alljährlich, wie die jungen Störche, die doch gewiss erbliche Veranlagung für den Flug besitzen, wochenlang üben müssen, bevor sie einigermaßen fliegen können. Infolgedessen muss es auch für Menschen heißen: üben, üben und wiederum üben! Ob der Flugapparat dabei von Anfang an mehr oder weniger zweckmäßig ist, ist ziemlich gleichgültig, denn bekanntlich kann man auch in Ermangelung von Stahlschlittschuhen auf geschliffenen Pferdeknochen Schlittschuh laufen lernen.

Wenn sich jedermann bei dem ersten Hinfallen auf der Eisbahn das Genick bräche, so könnte heute noch kein Mensch Schlittschuh laufen. Soll die Menschheit fliegen lernen, so müssen die Übungen so angestellt werden, dass Hinfälle in großer Zahl ohne ernste Beschädigung möglich sind. In diesem Sinn dachte und handelte Lilienthal, und er kam erst zu schaden, als er, durch seine großen Erfolge kühn geworden, sich allzu weit vom schützenden Erdboden entfernte.

Als Lilienthal starb, waren seine Fortschritte auf dem Gebiet des Segelfluges bereits derartige, dass sie nicht mehr in Vergessenheit geraten konnten. Engländer, Franzosen und Amerikaner sprachen mit Achtung von den Erfolgen des ›fliegenden Mannes‹ in Lichterfelde, nannten sich begeistert seine Schüler und setzten sein mühevolles Werk unverdrossen fort. Der französische Hauptmann Ferber in Meudon und die Gebrüder Wright in den Vereinigten Staaten sind heute die berufenen Vertreter des Segelfluges und haben bedeutende, weithin sichtbare Erfolge erzielt.

Jeder Flugtechniker wird sich zuerst unwillkürlich versucht fühlen, seinen Flugapparat den Werkzeugen der Vögel nachzubauen, und in der Tat erinnerten sowohl die älteren Apparate Lilienthals wie des Hauptmanns Ferber an riesige Fledermausflügel. Mit solchen Apparaten endigte Lilienthal, mit solchen begannen die Ferber und Wright, um im Laufe ihrer Flugübungen zu wesentlich anders gestalteten Maschinen zu gelangen. Wie unsere Abbildungen erkennen lassen, basieren die Apparate der Amerikaner sowohl wie des Franzosen auf dem Prinzip des Hargreaveschen Kastendrachens. Zwei Drachen- oder Segelflächen sind durch eine Reihe von Stangen in paralleler Stellung zu einer Art Kasten verbunden. Die Herstellung eines solchen Apparats ist außerordentlich billig, wenn man bedenkt, wie teuer der Sportsmann heute ein Segelboot oder ein Automobil, ja selbst ein Motorzweirad bezahlt. Die Gestelle derartiger Flugmaschinen werden einfach aus leichtem aber kräftigem Bambusrohr gefertigt, das sich jeder Laie mit einer Handsäge passend zuschneiden kann. Die Verbindung der einzelnen Stangen erfolgt nicht durch irgendwelche Metallteile, sondern mittelst kräftiger Bindfäden, die man vorher durch

eine flüssige Harz- oder Teermischung zieht. Das gibt nach den praktischen Erfahrungen des Hauptmanns Ferber die haltbarsten, leichtesten und billigsten Verbindungen. Zum Beziehen der Segelfläche dient Leinwand, von der der laufende Meter nicht allzu viel kostet. Hauptmann Ferber schätzt die Kosten eines einfachen derartigen Flugapparats auf noch nicht 400 Mark.

Es wäre dringend zu wünschen, dass auch in Deutschland, dem Vaterland eines Lilienthal, eine sportsfreudige Jugend diese Flugübungen mit Eifer wieder aufnähme, dass Leute, die vom Schlittschuh laufen und Rad fahren bereits ein fein entwickeltes Schwerpunktgefühl besitzen, irgendwo, zum Beispiel auf dem Döberitzer Übungsplatz, den Gleitflug probierten, damit auch in Deutschland Kunstflieger vorhanden wären, denn nach den bisherigen Erfolgen der Ferber und Wright muss das Problem des Fluges an sich als gelöst gelten, ebenso wie das Problem des Schlittschuhlaufens bereits seit langer Zeit gelöst ist, und es heißt nur noch für den Einzelnen üben, damit er es lernt.

Die Amerikaner, ebenso wie der Franzose, begannen ihre Übungen mit einer einfachen Kastendrachenmaschine der beschriebenen und abgebildeten Art vom Gipfel eines nicht all zu steilen Hügels aus. Der Hauptmann Ferber begann seine Übungen noch in Nizza, woselbst er eine Batterie kommandierte, und benutzte seine Soldaten, um die Maschine, auf deren unterer Fläche er lag, etwa ½ Meter hochzuheben und dann mit einem leichten Stoß nach vorn durch die Luft abgleiten zu lassen. Bei den ersten Übungen kam es natürlich darauf an, überhaupt das Gleichgewicht zu halten. Legte sich der Hauptmann ein wenig zu weit nach vorn, so viel er buchstäblich auf die Nase. Legte er sich zu weit nach hinten, so überschlug sich der Apparat mit ihm nach hinten, und er kam ebenfalls auf den Sand zu liegen. Indessen erlernt man es, den Mitteilungen des Hauptmanns Ferber zufolge, bereits nach einem halben, höchstens einem Dutzend derartiger Fälle, das Gleichgewicht zu halten. Bei einer Höhe von 1 bis 1½ Metern brauchen derartige Stürze von einem gelenkigen Mann natürlich nicht tragisch genommen zu werden.

Ist der Flieger so weit gekommen, so nimmt die Lektion ihren Fortgang. Die ersten Male wird die Maschine ja wie ein einfacher Fallschirm wirken und wenige Schritte von der Abfahrtsstelle entfernt zur Erde kommen. Der Flieger muss sich daher weiter in der Bedienung eines dem Vogelschwanz entsprechenden Horizontalsteuers üben, um mit der Maschine auf eine bestimmte Fallhöhe möglichst weit vom Fleck zu kommen, um den Fall möglichst in ein Vorwärtsgleiten zu verwandeln. In dieser Weise haben Ferber und die Gebrüder Wright jahrelang unermüdlich geübt, nicht ohne dabei gelegentlich hier und da kleine Veränderungen an ihren Maschinen vorzunehmen, ähnlich wie wohl auch ein Schlittschuhläufer mit fortschreitender Kunst allmählich bessere und kompliziertere Schlittschuhe kauft.

Bereits im Jahr 1902 gelang es den Gebrüdern Wright, auf ein Meter Fallhöhe 150 Meter vorwärtszukommen, und im Jahr 1903 brachten sie diesen Rekord sogar auf 300 Meter. Wäre man mit solcher Kunstfertigkeit vom Turm der rund 100 m hohen Kaiser-Wilhelm-Gedächtniskirche in Berlin abgesprungen, so hätte man die Erde erst in einer Entfernung von etwa 50 km, d. h. bei Potsdam, erreicht. Dort hätte dann der geschickte Flieger nur wieder auf den Turm der

Einfacher Flugdrache. Vorne Horizontal-, hinten Vertikalsteuer.

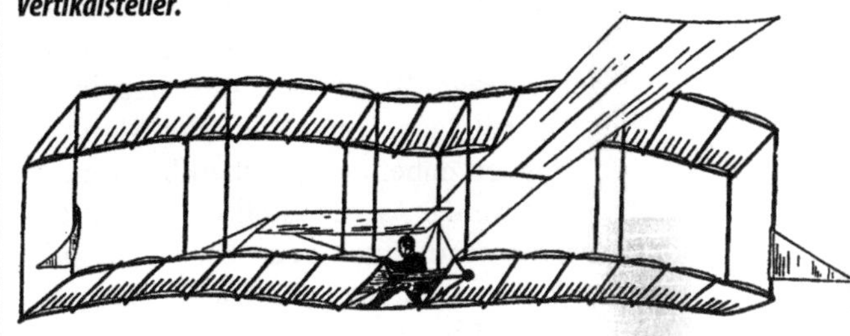

Verbesserter Drachen. Vorn und hinten Horizontal-, zu beiden Seiten Vertikalsteuer.

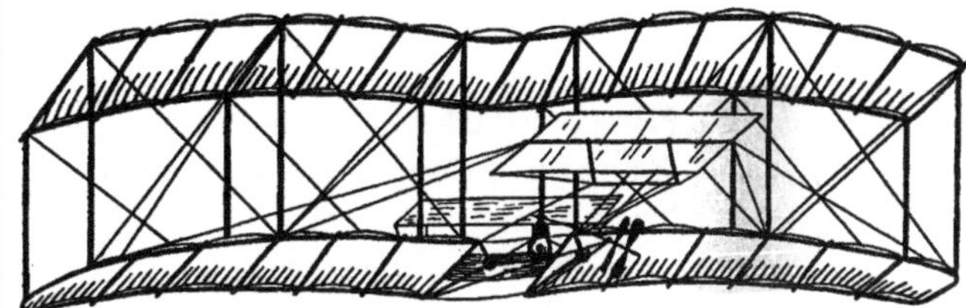

Drachen mit Motor und zwei Luftschrauben.

Garnisonskirche zu klettern brauchen, um mit seinem Apparat in einem Gleitflug nach Berlin zurückzukommen. Das wäre bereits ein schöner Erfolg.

Wenn der Mensch geradeaus Schlittschuh laufen kann, lernt er das Holländern oder Bogenfahren. So gingen nun auch die Gebrüder Wright ebenso wie der Hauptmann Ferber an die zweite große Aufgabe, nach Anbringung eines zweiten Vertikalsteuers das Bogenschlagen im Fluge, das Kreiseziehen zu lernen. Die Gebrüder Wright übten ungefähr zwei Jahre, bis sie es konnten, und dann kam der dritte Teil des großen

Dramas, der Einbau eines Motors mit Luftschraube. Während sie bisher auf einem Luftpolster abwärts glitten, sollte der Schub des Motors sie jetzt dauernd tragen und sogar heben. Nicht leichtsinnig und unvorbereitet gingen die Wrights an diese Aufgabe, die ja wiederum andere Schwerpunktverhältnisse bietet als der einfache Gleitflug. Vorher nahm der eine Bruder den anderen im Flugdrachen an die Schnur und ließ ihn bei starkem Wind nach allen Regeln der Kunst steigen. Je nachdem der Mann im Drachen dabei die Drachenfläche mehr oder weniger schief stellte, schwebte er wenige Fuß über dem Erdboden oder 50 m hoch in der Luft. Nach dieser ersten Vorübung kam die zweite. Bei ruhigem Wetter wurde die Drachenschnur in ein Automobil hereingenommen und, während dies mit 30 km/h die Chaussee entlang sauste, flog der Mann im Drachen in der Luft hinterher. Bereits im Frühjahr 1904 wurde eine solche Fahrt von 5 km Länge zurückgelegt. Dann begann man mit dem Einbau des Motors, der, in raffiniertester Weise leicht ausgeführt, pro PS nur etwa 2,5 kg wog. Dann begannen die Übungen im Herbst 1904 von neuem und wurden 1905 eifrig fortgesetzt. Die letzte Meldung, die im November 1905 von den Wrights in die Fachpresse gegeben wurde, besagt, dass der eine der beiden Brüder mit seinem Motorflieger eine Tour von 37 km in einer halben Stunde zurückgelegt hat, und dabei wieder an seinen Ausgangspunkt zurückkehrte. Gleichzeitig wurden damals die Resultate über die sämtlichen kürzeren Versuchsfahrten in den Monaten Oktober und November veröffentlicht, die ausnahmslos hohe Reisegeschwindigkeiten von 60 – 75 km/h und jedes Mal Strecken von über 15 km aufwiesen.

In Europa hatte der Hauptmann Ferber inzwischen das Problem des Kreisfliegens auf andere Weise gelernt und gelöst. Er hatte sich noch in Nizza eine Vorrichtung gebaut, die er selbst Aerodrom nennt, einen hohen eisernen Gittermast, um dessen Spitze ein langer, gleichartiger Hebel in horizontaler Richtung drehbar ist. An das eine Ende dieses Hebels hing er seine Flugmaschine und übte dann, während der Hebel gedreht wurde, gewissermaßen wie ein Zirkuspferd an der Longe. An diesem Aerodrom probierte er auch die ersten Motoren, die indessen für seine Flugmaschine noch zu schwer waren, als dass sie sie frei tragen konnte.

Inzwischen ist Hauptmann Ferber in Anerkennung seines Verdienstes um die Sache des persönlichen Kunstfluges zu der aeronautischen Abteilung in Meudon versetzt worden und hat sein Aerodrom und seine Maschine natürlich mitgenommen. Voraussichtlich werden wir bald weiteres von seinen Erfolgen hören, falls nicht die französische Armeeleitung es vorziehen sollte, diese Dinge geheim zu halten. Seine bisherigen Erfahrungen hat Hauptmann Ferber in einem interessanten Werkchen ›*Pas à Pas, Saut à Saut, Vol à Vol*‹ niedergelegt, das in leicht verständlicher Weise alles Wissenswerte enthält, und dessen Ausführungen wir bei der Abfassung dieser Skizze vornehmlich gefolgt sind. Mit Stolz nennt sich Ferber in diesem Buch einen Schüler Lilienthals, und so wollen wir der Hoffnung Ausdruck geben, dass nach solchen Erfolgen auch im Vaterlande Lilienthals endlich etwas für den persönlichen Segelflug geschieht, dass auch in Deutschland eine sportfrohe Jugend, die jetzt ihre Zeit dem Lawn-Tennis und der Eisbahn widmet, den Kunstflug üben möge. ❐

Zur Ausbildung des Vorortverkehrs

Die Woche • 29.9.1906

Vor einigen Wochen hat der preußische Eisenbahnminister einer Deputation der Berliner Vorortgemeinden eine Antwort gegeben, die vielfach große Überraschung hervorrief. Er führte aus, dass die Behörden nicht willens wären, den Vorortverkehr in der bisherigen Weise weiter auszubauen, da der Fiskus dabei nur Geldverluste haben würde, und stellte den weiteren Ausbau der privaten Unternehmertätigkeit anheim.

Diese Antwort behauptet also zunächst einmal, dass der Berliner Vorortverkehr mit Unterbilanz arbeitet. Sie stellt aber diese Tatsache keineswegs als eine unvermeidliche Eigentümlichkeit des Vorortverkehrs selbst hin, sondern als eine solche der fiskalischen Verwaltung. Andernfalls hätte ja der Hinweis auf die private Unternehmungslust wenig Sinn, da diese doch nur durch zuversichtliche Aussicht auf gute Dividenden sich mit Kapital beteiligt. Es wäre nun einmal Stück für Stück zu überlegen, auf welche Weise das geschehen kann und ob es überhaupt geschehen kann.

Da bietet uns die Hauptstadt Berlin einige bemerkenswerte praktische Beispiele. Wir haben in Berlin zwei sehr ähnliche Unternehmungen, nämlich die Stadtbahn und die elektrische Hochbahn. Beide sind ziemlich genau gleich lang und beide führen quer durch Berlin. Die wirtschaftlichen Ergebnisse beider sind aber völlig verschieden. Während man für die Stadtbahn nur eine Verzinsung von etwa 2 % herausrechnet, gibt die Hochbahn 4 % und wird voraussichtlich in absehbarer Zeit noch mehr geben. Als ein drittes Unternehmen können wir die Große Berliner Straßenbahn heranziehen, die ihr Kapital sogar mit 10 % verzinst. Daraus ergibt sich jedenfalls sehr deutlich, dass unter gleichen oder ähnlichen Verhältnissen der Privatbetrieb mit gutem Gewinn, der Staatsbetrieb mit Verlusten arbeiten kann.

Der Ursachen dafür gibt es mehrere. Zunächst einmal ist die staatliche Stadtbahn zu teuer gebaut. Das laufende Meter Stadtbahn kostet 7000 Mark, das laufende Meter Hochbahn nur etwa 5000 Mark. Durch diese teurere Anlage kommt bereits eine Zinslast in den Betrieb, die der Wirtschaftlichkeit natürlich nicht förderlich ist. Weiter verfügt die Stadtbahn über den veralteten und kostspieligen Dampfbetrieb, während die Hochbahn mit dem erheblich billigeren elektrischen Betrieb arbeitet. Die Hochbahnen von New York, Chicago und die Untergrundbahn von Paris, sämtlich Privatunternehmungen, predigen uns aber außer unserer Hochbahn so eindringlich die Lehre von der Wirtschaftlichkeit des elektrischen Betriebes, dass auch die Berliner Stadtbahn ihn über kurz oder lang wird akzeptieren müssen und dass er für etwaige private Vorortbahnen wohl allein und ausschließlich in Frage kommen dürfte.

Aus den bisherigen Betrachtungen geht also für die Errichtung neuer Vorortbahnen zweierlei hervor. Erstens die zwingende Notwendigkeit, die Baukosten so niedrig wie irgend möglich zu halten, etwa durch Benutzung eiserner Viadukte auf öffentlichen Straßen, in den Ortschaften und durch billige Bahnkörper über billigem Gelände auf der freien Strecke. Zweitens die Anwendung des elektrischen Betriebes in den wirtschaftlichsten Formen, die die gegenwärtige Technik bietet, also wahrscheinlich Betrieb mit einphasigem Wechselstrom von 6000–10 000 V Betriebsspannung, eine Anordnung, die auf der Strecke Spindlersfelde bei Berlin bereits sehr eingehend erprobt wurde.

Die bisherigen Ausführungen ergeben sich für jeden Techniker beinah zwangsläufig aus den bekannten Betrieben und vorliegenden Rechenschaftsberichten. Darüber hinaus aber lässt sich wohl noch mancherlei tun, um die Wirtschaftlichkeit zu heben, dem Privatkapital eine höhere Dividende zu sichern.

Seit fünfzig Jahren sind sämtliche Dinge im Maschinenbau bei gleicher Leistung sehr viel leichter geworden. Eine 100 PS-Wasserhaltungsmaschine nahm vor 50 Jahren das Innere eines dreistöckigen Hauses ein und wog dementsprechend, während man heute eine gleich starke Riedlersche Expresspumpe nebst Motor in einem kleinen Zimmer unterbringen kann. Eine langsam laufende Dampfmaschine wiegt pro PS etwa 250 kg, ein moderner Luftballonmotor dagegen nur 2,5 kg. Endlich hat eine große Schnellzugslokomotive, die etwa 1500–2000 PS indiziert, 50–60 t Gewicht, während man 150 PS-Automobilwagen bereits im Gewicht von nur einer Tonne gebaut hat. Gerade hier, bei verwandten Konstruktionen, merken wir den krassen Unterschied. Auf ein PS als Einheit bezogen wiegt danach die Lokomotive 25–40 kg, das Automobil dagegen nur 6,6 kg, das heißt etwa den vierten Teil. Als die Automobiltechnik begann, übernahm sie namentlich für Dampfwagen die schwere Bauart der Lokomotive und schickte Monstren auf die Landstraße, denen keine Chaussee und Brücke gewachsen war. In wenigen Jahren lernte diese Technik jedoch völlig um und reduzierte unter Verwendung ganz besonderer Werkstoffe die Gewichte ihrer Maschinen in unerhörter Weise. Aus den ersten, den Dampfwalzen ähnlichen Dampfdroschken entwickelten sich unsere modernen, schnellen und leichten Kraftwagen. Etwas Ähnliches wird zweifellos auch im Eisenbahnbetrieb eintreten müssen. Man wird hier auf die Dauer die Errungenschaften der Automobiltechnik nicht ignorieren können. Man wird auch hier das ungeheuer schlechte Verhältnis zwischen der toten Last und der Nutzlast ernstlich verbessern müssen. Bei unserer Berliner Stadtbahn rechnet man für einen Sitzplatz, auf den also etwa 75 kg Nutzlast kommen eine tote Last von 650 kg. Erheblich günstiger liegen die Dinge bereits bei der Berliner Hoch- und Untergrundbahn, bei der auf einen Sitzplatz nur 350 kg tote Last entfallen. Endlich sind die Projekte des Eisenbahningenieurs Kiebitz beachtenswert, die zu einer toten Last von 200 kg auf den Sitzplatz kommen.

So muss also zunächst, wie gesagt, eine möglichst weitgehende Verringerung des Zuggewichts im Verhältnis zur Zahl der vorhandenen Sitzplätze erstrebt werden, und sie lässt sich mit den gegenwärtigen Mitteln der Technik recht weit treiben, wenn man einmal entschlossen mit den hergebrachten Formen bricht. Das weitere folgt dann von selbst. Leichteres rollendes Material kommt mit leichteren Schienen aus und kann auf leichteren Viadukten verkehren. Es braucht ferner zu seiner Fortbewegung weniger Arbeit und kann daher mit leichteren Maschinen, mit kleineren Kraftwerken vorlieb nehmen.

Diese Gewichtsfrage ist die wichtigste in der gesamten Eisenbahntechnik. Wird sie befriedigend gelöst, so eröffnen sich gerade dem Vorortverkehr ungeahnte Perspektiven. An diese Haupt- und Lebensfragen schließen sich aber noch einige andere. In dem Bestreben, die Traktionsarbeit möglichst niedrig zu halten, wird man dahin arbeiten müssen, die Reibungswiderstände in den Lagern, wie auch den Luftwiderstand, möglichst klein zu halten. Gerade die Automobiltechnik hat hier ein neues Maschinenelement, das Kugellager, eingeführt, das in den Bahnen der Zukunft das gewöhnliche Reibungslager ersetzen wird. Bereits heute werden Kugellager von gewaltiger Tragkraft gefertigt, die nur ein Minimum an Arbeit für die Reibung verzehren, während in jedem gewöhnlichen Eisenbahnlager ganze Pferdestärken verloren gehen. Im Automobilbau hat man den Unterschied längst begriffen, und am modernen Kraftwagen läuft so ziemlich jeder Teil, laufen die Räder, die Achsschenkel, die Motorwelle und die Wellen des Geschwindigkeitsgetriebes in Kugeln.

Dass eine Verringerung des Luftwiderstandes durch eine passende, parabolisch zugespitzte Wagenform wohl möglich ist, und zwar eine Verminderung um fast die Hälfte, haben die Versuche mit elektrischen Schnellbahnwagen in Zossen ihrerseits erwiesen.

Dem Techniker, der mit sehenden Augen die Fortschritte in verschiedenen Zweigen der Technik verfolgt, drängen sich derartige Beobachtungen und Schlussfolgerungen beinah von selbst auf. Dass aber der allzu große und daher naturnotwendig schwerfällige Staatsbetrieb sie in absehbarer Zeit in die Praxis umsetzen und mit ihrer Hilfe einen gut rentierenden Vorortverkehr etablieren würde, ist kaum anzunehmen. Wir sehen, dass die Elektrisierung der Stadtbahn heute noch nicht über das Stadium der Erwägungen und Erhebungen hinausgekommen ist, während die alten Dampfhochbahnen von New York und Chicago ihre Dampflokomotiven mit einem heroischen Entschluss bereits vor Jahr und Tag verkauft haben und mit der Elektrizität gute Geschäfte machen. Wir sehen, dass unsere Staatsbahnen in einem Menschenalter nicht die als schädlich und gefährlich erkannte Zweipufferkuppelung beseitigen konnten. Wir dürfen also Fortschritte und Verbesserungen der angeführten Art in der Tat nur von der Privatindustrie erwarten. Nur Unternehmer großen Stils und weitschauenden Blicks nach Art der Gould, Villard oder Stroußberg, die mit dem Bewusstsein voller Verantwortlichkeit, aber auch mit voller Freiheit der Disposition, das eigene Vermögen einsetzen, können etwas Derartiges in die Wege leiten. Es wäre erfreulich, wenn die Antwort des preußischen Eisenbahnministers dazu den Anstoß gäbe. ❐

Berlin an der Ostsee

DIE WOCHE • 6.10.1906

Als der ehrsame und tugendfeste Bürger Gotthold Imannel Schulze im Jahr 1706 eine Reise von Berlin nach Brandenburg an der Havel tun wollte, da segnete er bereits am Abend vorher Weib und Kind und bereitete sich am nächsten Morgen sehr frühzeitig zum Aufbruch. Schon um fünf Uhr morgens schaffte der Knecht sein Reisebündel in die Postkutsche, die in der Spandauer Straße hielt. Eine Viertelstunde vor sechs saß Herr Schulze selbst in der Kutsche, und um sechs ging die Fahrt los. Seit kurzem benutzte man nicht mehr den alten Weg durch die Jungfernheide, sondern fuhr über das neu angelegte Städtchen Charlottenburg. So rumpelte denn der alte Kutschkasten über die lange Brücke am Schloss vorbei und über die Straße Unter den Linden, deren Bäumchen damals noch jung waren. Schnell war das Baugelände der eben erst entstehenden Friedrichstadt passiert, und durch das Brandenburger Tor schwankte der Wagen auf den neuen Sandweg, der durch das alte Jagdgelände der Kurfürsten, den heutigen Tiergarten, nach Charlottenburg führte. Eine gute Meile hatte der Wagen zu fahren, bevor er am neuen Königsschloss in Charlottenburg vorbeikam. Hier gab es zum ersten Mal frische Postpferde, um so mehr, als ein gewaltiger Hügel, der Spandauer Berg, alle Kräfte der Tiere in Anspruch nahm und nur mit Vorspann zu erklimmen war. Kurz hinter dem Königsschloss nahm wieder die unendliche Heide das Fuhrwerk auf, und es blieb in ihr, bis endlich die Spandauer Türme über das Luch grüßten. Wieder gab es Pferdewechsel, und weiter ging die Reise auf Nauen, das um Mittag erreicht wurde. Eine Stunde hatten hier die Reisenden Zeit für das Mahl und die Ruhe. Dann ging die Fahrt weiter, und die Sonne stand bereits im Westen, als endlich die fünf Türme vom Harlunger Berg, dem heutigen Marienberg, in Sicht kamen. Nun rumpelte die Kutsche über das Brandenburger Pflaster, und die Fahrt war zu Ende.

Unser Freund und Gönner Gotthold Imannel Schulze nahm Quartier in der Postherberge, um am nächsten Tag seine Geschäfte zu besorgen und am dritten Tag auf die gleiche Weise wieder nach Berlin zurückzukehren.

Im Jahr 1906 gehen wir des Mittags auf den Potsdamer Bahnhof und nehmen ein Billett zum D-Zug. Um 12 Uhr 5 Minuten setzt sich der Zug in Bewegung und hält nach 25 Minuten in Potsdam. Nach einer Minute stürmt das Dampfross weiter, und 50 Minuten, nachdem wir Berlin verlassen haben, sehen wir bereits das Kriegerdenkmal, das heute den Marienberg schmückt. Nach einer Fahrzeit von 55 Minuten stehen wir in der Stadt selbst, können in Ruhe unsere Geschäfte erledigen und in der Nacht noch mit vielen Gelegenheiten zurückfahren. In der Tat leben heute viele Personen in Brandenburg, die jeden Morgen nach Berlin fahren, jeden Abend nach Geschäftsschluss dorthin zurückkehren.

Der vorher erwähnte Gotthold Schulze würde sich jedenfalls ganz erheblich verwundern, wenn er heute aus dem Grab stiege und die Entwicklung sähe, die die Dinge inzwischen genommen haben. In unseren Tagen geht die Entwicklung aber noch schneller als in früherer Zeit, und vielleicht sehen wir in zehn oder zwanzig Jahren einen Verkehr, der uns noch mehr überrascht als unseren verstorbenen Reisenden eine Eisenbahnfahrt nach Brandenburg. Nachdem die Schnellbahnversuche gezeigt haben, dass es technisch sehr wohl möglich ist, Fahrgeschwindigkeiten von 200 km/h zu erreichen, liegt uns heute bereits die im Durchschnitt 200 km entfernte Ostseeküste nicht anders und nicht ferner als im Zeitalter der Dampflokomotiven das 20 km entfernte Brandenburg.

In den nachstehenden Ausführungen soll nun die Idee, einen Teil der Ostseeküste in den Berliner Vorortsverkehr einzubeziehen, auf ihre Möglichkeit untersucht werden. Der Verkehr soll dabei von Anfang an so gestaltet werden, dass es dem in Berlin Beschäftigten möglich ist, am Strand zu wohnen, von ihm aus allmorgendlich zur Arbeit zu fahren und allabendlich zur See zurückzukehren. Ferner muss die Fahrt mit allen Mitteln unserer hoch entwickelten Technik möglichst schnell zurückgelegt werden, denn eine Fahrzeit von 1½ bis höchstens 2 Stunden wird das meiste sein, was man dem Reisenden zumuten darf.

Viele unserer Leser werden eine derartige Möglichkeit von der Hand weisen und ein solches Projekt für undurchführbar halten. Diesen sei Folgendes erwidert. Bereits heute besteht zwischen London einerseits und der englischen Südküste von Dover bis zur Insel Wight anderseits mit den Mitteln des einfachen Dampfbetriebs ein solcher Vorortsverkehr. Tagein, tagaus fahren des Morgens Tausende von der See nach London und kehren abends zum Meer zurück. Über eine etwa 200 km lange Küstenstrecke ergießt sich dieser Verkehr. Nun ist freilich die See von London im Mittel nur 120 km entfernt, die Ostseeküste von Berlin dagegen 180 – 200 km. Dafür aber werden die Londoner Strecken mit Dampf und mit etwa 100 km/h betrieben, während der elektrische Schnellverkehr, jene ureigenste deutsche Erfindung, uns die Möglichkeit gibt, Fahrgeschwindigkeiten von 200 km/h nicht nur zu erreichen, sondern auch betriebsmäßig innezuhalten, ein Unterschied, der wohl genügen dürfte, um die größere Entfernung wieder wettzumachen.

Wenn ferner in den folgenden Ausführungen hohe Passagierzahlen angenommen werden, so sei dazu bemerkt, dass der Verkehr noch stets in ganz ungeahnter und unerwarteter Weise gestiegen ist, wo immer ihm gute Verkehrsmittel geboten wurden. Ein klassisches Beispiel dafür bietet der Verkehr zwischen Berlin und Potsdam. Als dort die erste Eisenbahn projektiert wurde, äußerte sich der damalige Generalpostmeister v. Nagler: *»Dummes Zeug! Ich lasse täglich diverse Sechssitzposten nach Potsdam gehen, und es sitzt niemand drinnen.«* Trotzdem wurde die Bahn gebaut. Während im letzten Postjahr 17 000 Leute nach Potsdam gefahren waren, fuhren im ersten Eisenbahnjahr 664 828. Der Verkehr hatte sich also mit einem Schlag verneununddreißigfacht. Etwas derartiges ist aber keineswegs selten in der Geschichte des Verkehrs. Finden wir doch im ersten Eisenbahnjahr auf der Strecke Elberfeld – Düsseldorf eine Verzweiunddreißigfachung, auf der

Strecke Dresden – Leipzig sogar eine Vervierundvierzigfachung. Wenn wir endlich den Verkehr Berlin – Potsdam heute betrachten, da an einem einzigen Tag oft die Zahl von 100 000 Passagieren überschritten wird, so können wir unbedenklich behaupten, dass sich dieser Verkehr von heute gegen die Postzeit vertausendfacht hat. Unter solchen Umständen dürfen wir aber auch für unser Ostseebahnprojekt mit Fug und Recht hohe Verkehrsziffern annehmen.

Es wird nicht verkehrt sein, wenn wir glauben, dass von den 3 000 000 Einwohnern Großberlins wenigstens 25 000 die Gelegenheit benutzen würden, an der Ostseeküste zu wohnen, namentlich vorausgesetzt, dass eine vernünftige Bodenpolitik ihnen die Erwerbung eines behaglichen Heims zu wohlfeilem Satz gestattet. 25 000 Personen ergeben etwa 5000 Familien, deren Oberhaupt alltäglich zweimal fährt. Nehmen wir ferner an, dass die Saison von Mai bis Oktober reicht und in fünf bis sechs Monaten 150 Reisetage bringt, so hätten wir $150 \times 5000 \times 2 = 1\,500\,000$ Passagiere im Jahr. Ferner müssen die 20 000 Familienmitglieder in der Saison wenigstens einmal hin- und zurückbefördert werden.

Betrachten wir nun das Bahnprojekt selbst etwas näher. Im Anschluss an die berühmten Zossener Schnellbahnversuche haben ihrerzeit sowohl Siemens & Halske wie die Allgemeine Elektrizitätsgesellschaft detaillierte Projekte und Rentabilitätsberechnungen für eine 250 km lange Schnellbahn aufgestellt, die uns für unsere Zwecke annähernde Unterlagen geben können. Legen wir uns die Bahn so, dass sie mit 220 km, also etwa an der Mündung der Rega, die Ostsee erreicht und dann noch etwa 50 Kilometer, also etwa bis

zur Mitte zwischen Kolberg und Köslin, als Küstenbahn weitergeht, so haben wir, was wir brauchen. Eine solche zweigleisige Bahn kostet mit allem, was drum und dran hängt, etwa 105 Millionen Mark und erfordert eine jährliche Einnahme von 15,6 Millionen Mark, um ihr Anlagekapital mit 4,6 % zu verzinsen.

Unter Annahme einer Geschwindigkeit von 160 km/h würde die Fahrzeit bis zur See eine Stunde und zwanzig Minuten betragen. Das ist eine Reise, die etwa der vom Schlesischen Bahnhof bis nach Potsdam im Stadtbahnzug entspricht. Bei Ausgabe billiger Sonderfahrkarten würde ein großer Teil der Einwohner Berlins sicherlich die Gelegenheit benutzen, die Ostsee zu besuchen, denn es ist ein Unterschied, ob man wie jetzt 4 Stunden im Zug Berlin – Warnemünde schmort oder in 80 Minuten an der See ist. Nehmen wir an, dass billige Sonderfahrkarten für die Hin- und Rückfahrt ausgegeben werden, so ist eine Passagierzahl von einer Million im Jahr kaum zu hoch gegriffen. Die Existenz einer solchen Bahn beruht auf dem Verkehr von ganz Berlin und würde einer großen Zahl von Berlinern die Möglichkeit geben, den Sommer über an der See zu wohnen.

Weil aber eine solche Bahn die See überhaupt erst erschließt, darum müsste auch die betreffende Gesellschaft das erschlossene Gelände selbst in die Hand nehmen und zur Vermeidung einer unerwünschten Entwicklung dauernd darin behalten. Im Interesse der Allgemeinheit wäre jede unvernünftige Preissteigerung des Küstenlandes selbst zu vermeiden. Jede vernünftige Steigerung müsste dagegen der Bahngesellschaft selbst, die ja das ganze

Risiko trägt, zufallen. Das einfachste Mittel dazu würde wohl das Erbbaurecht bieten. In jedem Fall bieten ja 30 km Küste Raum für noch weit mehr als 5000 Familien und reichlich Platz für die Errichtung schmucker und billiger Einfamilienhäuser, die die moderne Industrie ebenfalls recht preiswert zum Satz von 4000 – 6000 Mark liefert. Wird es also vermieden, dass im neuerschlossenen Gebiet die Bodenpreise in unvernünftiger Weise steigen, wird hier das Land zu einem Satz vermietet oder bedingungsweise verkauft, der der unternehmenden Gesellschaft nur eine angemessene Verzinsung, Amortisierung und Sicherung ihres Kapitals gewährt, so ist dem Mittelstand die Möglichkeit gegeben, an der See zu leben und in Berlin zu arbeiten.

Dass die Entwicklung dahin geht, zeigt uns London. Dass bei weiterem Anwachsen der Bevölkerung und zu einer Zeit, da Berlin Zehnmillionenstadt ist, etwas Derartiges zwangsläufig eintreten wird, ist sicher. Schön wäre es, wenn es bereits zu einer Zeit unternommen würde, da es noch möglich ist, den Strand ohne unbilligen Bodenzins in die Hand zu bekommen. ❐

Der Kampf um das blaue Band des Atlantik

Die Woche • 1.12.1906

Vor wenigen Wochen ist jenseits des Kanals ein Schiff vom Stapel gegangen, auf das Old England die allergrößten Hoffnungen setzt. Ist doch der neue Turbo-Riesendampfer, die ›Mauretania‹, zu dem ausdrücklichen Zweck erbaut, den Ozeanrekord, der im Anfang der 1890er Jahre an Deutschland fiel und seither mit ganz kurzen Unterbrechungen von Deutschland gehalten wurde, wieder dauernd nach England zu bringen.

Es war für England, die Königin unter den seefahrenden Nationen, ein schmerzliches Gefühl, als damals die ›Campania‹ und die ›Lucania‹, *the Greyhounds of the Ozean*, die Windhunde des Ozeans, von den deutschen Schnelldampfern ›Fürst Bismarck‹, ›Auguste Victoria‹ und anderen überholt wurden. Es kamen die betrüblichen Jahre, da die alte Cunard Line nicht mehr die schnellsten Schiffe des Ozeans besaß. Es kamen jene Jahre, da der englische Reisende mit seinen Kreditwechseln zwar noch auf englischen Dampfern fuhr, aber die Sekundawechsel seines Kredits auf den deutschen Dampfern vorausreisten und schon beim New Yorker Bankier lagen, wenn er selbst kam, um seinen Kredit zu erheben. Es kamen noch schlimmere Jahre, da ein gewaltiger Teil des großen Stromes englischer Reisender selbst auf die deutschen Dampfer überging.

Unter solchen Umständen kam man in England zur Überzeugung, dass etwas Einschneidendes geschehen müsse, dass der Ozeanrekord unter allen Umständen wieder nach England zu holen sei. Die Aufgabe lag klar. Die Lösung war schwierig. Der Betrieb von Luxusschnelldampfern ist eine heikle Sache, und die Bilanzen unserer beiden großen Gesellschaften würden sehr viel ungünstiger aussehen, wenn nicht die vielen soliden Frachtdampfer wären, die mit mäßigen Geschwindigkeiten von 12 bis 15 Knoten unendliche Mengen kostbaren Lastgutes über den Ozean schleppten. Ist es doch ein alter Erfahrungssatz, dass die Maschinenleistung und damit auch der Kohlenverbrauch beinah mit der dritten Potenz der Geschwindigkeit steigen. Wenn wir die Geschwindigkeit eines Dampfers verdoppeln wollen, so müssen wir die Maschinenleistung verachtfachen, wenn wir die Geschwindigkeit verdreifachen wollen, muss die Leistung versiebenundzwanzigfacht werden. In der Praxis stellen sich die Verhältnisse noch ungünstiger, denn für stärkere Leistungen werden auch schwerere Maschinen, größere Kesselanlagen und umfangreichere Kohlenbunker notwendig. Man muss daher wohl oder übel auch den ganzen Schiffsrumpf vergrößern, wenn das Verhältnis der toten zur Nutzlast nicht allzu ungünstig werden soll, und so bildet diese Steigerung recht eigentlich eine Schraube ohne Ende.

Geld war dabei sicherlich nicht zu verdienen, und so entschloss sich die englische Regierung, der Cunard Line zu Hilfe zu kommen. Es sollte der Gesellschaft möglich gemacht werden, ein paar Riesenschiffe zu erbauen und in Dienst zu stellen, die alles Bisherige weit hinter sich ließen. Was das alte Schwesternpaar ›Campania‹ und ›Lucania‹ nicht vermocht hatte, soll das neue, sollen ›Mauretania‹ und ›Lusitania‹ vollbringen. So entschloss sich denn die englische Regierung, der Gesellschaft das Baukapital für die beiden Schiffe, rund 60 Millionen Mark, zu geringen 2% Prozent unkündbar zu leihen, und verlangte als einzige Gegenleistung nur, dass die Schiffe – natürlich gegen entsprechende Bezahlung – jederzeit von ihr als Hilfskreuzer gechartert werden können. Naturgemäß bedeutet dieser Vertrag nichts anderes als eine recht hohe Subvention von Staats wegen. Am freien Markt hätte die Gesellschaft das Baukapital wenigstens mit 4% verzinsen müssen, so dass die zweiprozentige Verzinsung ein jährliches Geschenk von 1 200 000 Mark darstellt. Ob eine solche Unterstützung zweckmäßig oder moralisch sei, soll hier nicht weiter erörtert werden. Es mag die einfache Feststellung genügen, dass die neuen Cunard-Dampfer mit staatlicher Subvention, unsere Amerika-Schnelldampfer hingegen ohne eine derartige laufen.

Rückhaltlos soll dagegen anerkannt werden, dass die englische Gesellschaft nun mit den zur Verfügung gestellten Mitteln in großem Stil vorgegangen ist. Mit dem Prinzip des 200 m-Schiffes ist gründlich gebrochen. Die beiden neuen Dampfer sind 240 m lang. Wir befinden uns also damit glücklich im dritten Hundert, an das man so lange nicht glauben wollte, und wenn das gegenseitige Reizen in diesem alten Spiel zwischen England und Deutschland so weitergeht, so werden wir in den kommenden Jahren wohl auch noch ein Stück weiterkommen. Und nun zu den Pferdestärken. Als seinerzeit die ›Bismarck‹ das blaue Band des Ozeans nach Deutschland heimfuhr, entwickelte sie 19 000 indizierte Pferdestärken und mag es unter der Hand geschickter Maschinisten und guter Heizer wohl auch auf 20 000 gebracht haben. Ihre Geschwindigkeit hielt sich damals zwischen 18 und 20 Knoten. Inzwischen ist die Geschwindigkeit bis auf 25 Knoten

Die ›RMS Mauretania‹ im Trockendock. Beim Stapellauf am 20. September 1906 war sie der größte Ozeandampfer der Welt. Mittels Dampfturbinen erreichte die Mauretania eine Reisegeschwindigkeit von 24 Knoten und errang damit im September 1909 das ›Blaue Band‹ für die schnellste Atlantik-Überquerung.

gebracht worden. Die Zahl der Pferdestärken aber stieg bis auf 40 000, die von ›Kaiser Wilhelm II.‹, der gegenwärtigen Rekordhalterin, geleistet werden. Dabei ist allgemein die Anordnung nach dem Zweischraubensystem gebräuchlich geworden. Zwei Maschinengruppen von je 20 000 PS arbeiten auf zwei Wellen, deren jede eine gewaltige Schraube trägt. Mit unwiderstehlicher Kraft reißen die Kolbendampfmaschinen diese Schrauben mit Durchmessern bis zu zwölf Metern durch die Fluten.

Bei der ›Mauretania‹ ist alles anders. Die alte Kolbendampfmaschine ist verschwunden, und an ihrer Stelle stehen die jüngsten Kinder der Technik, die Dampfturbinen. Vier gewaltige Turbinengruppen sind es, deren jede etwa 17 000 PS entwickelt, so dass im ganzen 68 000 Maschinenpferde im Schiffskörper erzeugt werden. Nicht mehr zwei Wellen finden wir, sondern deren vier, und jede Welle trägt ihre eigene Schraube.

Wenn wir unsere alte Kubusrechnung der Leistungen und Geschwindigkeiten nun auch wieder auf den neuen Dampfer anwenden und dabei von der Tatsache ausgehen, dass ›Kaiser Wilhelm II.‹ mit 40 000 PS 25 Knoten zurücklegt, während wir hier 68 000 PS zur Verfügung haben, so würden wir für die ›Mauretania‹ eine Geschwindigkeit von 29,85 Knoten erhalten.

Dieses Ideal wird ja nun nicht erreicht werden, weil wir in unseren Rechnungen für die Schiffe gleiche Schiffskörper angenommen haben, während in Wirklichkeit die ›Mauretania‹ ganz erheblich größere Dimensionen aufweist. So zwischen 27 und 28 Knoten dürften sich aber die Probefahrten des neuen Dampfers wohl abspielen, und damit würden wir bereits das langersehnte Viertageschiff über den Ozean haben. Ein endgültiges Urteil kann man gerade bei dem neuen Dampfer, der von allem Hergebrachten so sehr abweicht, vor den Probefahrten nicht fällen. Wenn aber die Ingenieure sich nicht stark geirrt und gröblich verrechnet haben, dann geht nach der Indienststellung der ›Mauretania‹ das blaue Band rettungslos nach England zurück, und man wird in Deutschland ganz exorbitante Anstrengungen machen müssen, wenn man es wieder holen will.

Im Übrigen wiegt das neue Schiff 45 000 t oder seemännisch gesagt, es hat eine Wasserverdrängung von 45 000 Tonnen. Wenn wir uns erinnern, dass noch vor zehn Jahren 20 000 t ein erstrebenswertes Ziel waren, so sehen wir auch hier, dass die Entwicklung in flotter Fahrt auf das Hunderttausendtonnenschiff hinweist, von dem man träumt, dass es einmal das Dreitageschiff des Atlantiks werden könnte. Dazu freilich werden Zeit und Geld notwendig sein, denn gegenwärtig sind unsere deutschen Docks, Schleusen usw. allerhöchstens für Schiffe von 220 m Länge zu benutzen, und ein Riesenschiff, dem solche Zufluchtsstätten fehlen, ist natürlich verraten und verkauft. So hält denn England vorläufig die beiden höchsten Trumpfkarten im Spiel. Auf wie lange, das wird die Zukunft lehren. ❐

Die Frau im Kraftwagen

DIE WOCHE • 5.1.1907

Betrachten wir heute die verschiedenen Sportgebiete, in denen die Menschheit des Zwanzigsten Jahrhunderts Erholung und Unterhaltung findet, so sehen wir, dass kein einziges ausschließlich dem Mann reserviert, kein einziges der Frau verschlossen ist. Die Frau von heute turnt, reitet und schwimmt. Sie läuft Schlittschuh und Schneeschuh. Im Schießen, sei es auf Tontauben, sei es auf lebendiges Wild, macht sie dem Mann ebenbürtige Konkurrenz. Die Ballspiele unserer Tage werden von beiden Geschlechtern gleichmäßig betrieben, und auf dem Wasser, im Segel- oder Ruderboot, steht das weibliche Geschlecht ebenfalls seinen Mann, wenn dieser Ausdruck hier gestattet ist.

Was Wunder, dass auch der neuste Gegenstand des sportlichen Interesses, der Kraftwagen, heute bereits vielfach von Frauenhand gelenkt wird. Als der Kraftwagen vor zehn Jahren seine Laufbahn begann, war er ein Danaergeschenk für seinen Besitzer. Ein längerer Ausflug ohne unangenehme Reparaturen und Schlosserarbeiten war selten möglich. Nur fanatische Anhänger des neuen Verkehrsmittels konnten diese Sturm- und Drangperiode mitmachen, und es muss bemerkt werden, dass schon damals mehr als einer dieser Begründer und Märtyrer des Automobilsports die Gattin oder die Tochter als standhafte Begleiterin bei sich hatte. Öfter als einmal sahen diese Frauen, auf einem Chausseestein wartend, die Nacht hereinbrechen, während der Gatte mit der Reparatur nicht zum Ziel kam. Mehr als einmal auch marschierten sie in der Dämmerung einige Meilen über Land ins nächste Städtchen, während der Gatte beim Wagen blieb, um im Morgengrauen die Reparatur fortzusetzen. Es muss betont werden, dass bereits in der Heroenzeit des Automobils Frauen treu zu ihm gehalten haben. Heute ist diese Periode überwunden. Das Automobil ist ein durchaus zuverlässiges Betriebs- und Sportmittel geworden, und man kann Hunderte von Meilen darin zurücklegen, ohne auch nur einen Schraubenschlüssel in Tätigkeit zu setzen. Geblieben aber ist die alte Anhänglichkeit und Vorliebe des schönen Geschlechts für den Kraftwagen, dessen gewaltige Stärke durch einen Fingerdruck gelenkt und gebändigt werden kann. Der Kraftwagen wurde zuverlässiger, schneller und auch schöner. Er bot die Gelegenheit, soliden Reichtum zu zeigen und einen Luxus zu pflegen, der besonders in den internationalen Modebädern zur reichsten Entfaltung kommt.

Die Frau, die im eleganten Kostüm einen modernen, schönen Kraftwagen mit Geschicklichkeit und Verve steuert, bietet sportlich und ästhetisch ein Bild, das hinter dem einer sattelgerechten Amazone, einer weidgerechten Jägerin sicher nicht zurückbleibt.

Freilich ist noch kein Meister und keine Meisterin vom Himmel gefallen. Wie jeder Radfahrer und Reiter, so ist auch jeder Autler früher einmal ein ganz gewöhnlicher Fußgänger gewesen und hat sich erst durch eine geraume Lehrzeit hindurch zur jetzigen Vollkommenheit hin entwickelt. Auch die Dame, die ihr Auto selbst steuern will, muss einen Chauffeurkursus mit Ernst und Eifer absolvieren. Noch ist ihr ja der Kraftwagen ein Buch mit sieben Siegeln. Sie weiß nicht, was ein Zylinder und was ein Kolben ist, sie hört zum ersten Mal von Wassermänteln und Radiatoren. Sie vernimmt nicht ohne Erstaunen, dass der komplette Motor ebenso wie der menschliche Körper mehrere Kreisläufe besitzt, und dass eine Verletzung des Radiators ungefähr dem Aufschneiden der großen Halsschlagader beim Menschen gleichkommt. Sie erfährt zum ersten Mal, dass der Benzindampf mit Luft zu einem explosiblen Gas gemischt und in den Zylindern durch eine besondere elektrische Funkenanlage zum Explodieren gebracht wird.

Aber alle diese Wissenschaft bleibt tot, solange sie nicht am Objekt selbst demonstriert werden kann. So folgt denn nach einer theoretischen Einleitung sofort der praktische Anschauungsunterricht an der Maschinerie des Wagens selbst. *Abb. 1* zeigt den großen Augenblick, da der Lehrer die Motorhaube geöffnet hat und seiner Schülerin die einzelnen freiliegenden Teile der Maschine erklärt. Ist, auf diese Weise der Motor besprochen, so folgt der praktische Versuch, ihn anzukurbeln, d. h. nachdem Benzin und Elektrizität eingeschaltet sind, ihn mit Hilfe einer Schwungkurbel in Gang zu bringen. Auch das Ankurbeln will gelernt sein und gelingt nicht gleich beim ersten Mal. *Abb. 2* zeigt den Augenblick, da die Schülerin die Kurbel gefasst hat und mit kräftigem Schwung herumwerfen will.

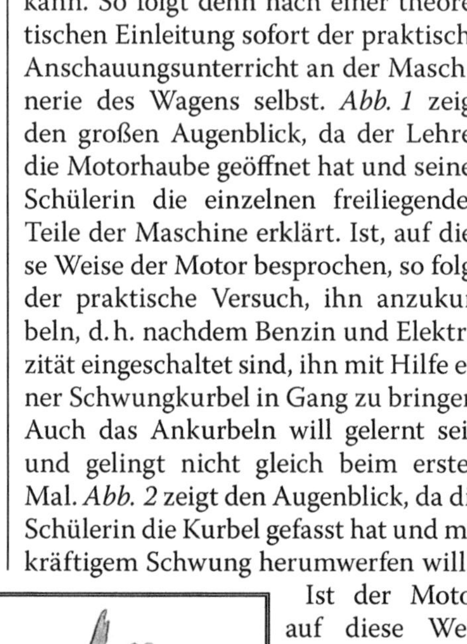

Abb. 1. Die Geheimnisse der Maschinerie werden erklärt.

Abb. 2. Auch das Ankurbeln will gelernt sein!

Ist der Motor auf diese Weise behandelt, so folgt die Besprechung der Maschinerie, die die Motorarbeit in passender Weise auf den Wagen überträgt. Es ist dies die Kuppelung und das Geschwindigkeitsgetriebe. Die Kuppelung gestattet es, den Motor durch einen Fußdruck vom Wagengetriebe abzukuppeln. Ihre Bedienung muss der Fahrerin in Fleisch und Blut übergehen, denn im Augenblick

der Gefahr, die ja jederzeit in Form irgendeines Hindernisses auftreten kann, muss sie den Motor gewissermaßen instinktiv auskuppeln. Daher folgen lange dauernde Kuppelübungen in der Art, wie *Abb. 3* sie veranschaulichen. Ein Fuß bedient dabei den Kuppelungshebel, der andere einen Bremshebel, durch den man unmittelbar nach dem Auskuppeln den Wagen scharf bremsen kann.

Sind auch diese Übungen erledigt, so folgt noch die Bedienung des Geschwindigkeitsgetriebes, die durch einen zur Rechten liegenden Hebel besorgt wird und verhältnismäßig schnell erlernt wird. Dann ist es so weit, dass die erste vorsichtige Ausfahrt unter der Ob-

hut des Lehrers erfolgen kann, und nun wächst die Sicherheit von Tag zu Tag. In wenigen Monaten fährt uns die gleiche Dame, die vor kurzem noch staunend vor den Geheimnissen des Motors stand, ihren Wagen mit der Sicherheit eines alten Rennfahrers durch das Gewimmel der belebten Boulevards.

Der Kraftwagen ist heute in gleicher Weise ein Instrument der Erholung für Männer und Frauen. Die sportlichen Veranstaltungen des zur Neige gehenden Jahres haben gezeigt, dass selbst im sportlichen Kampf, bei dem die Leistungsfähigkeit der einzelnen aufs höchste gespannt wird, die Frauen ebenbürtige Bewerberinnen sind. ❏

Von der deutschen Automobilwoche

Die großen Zuverlässigkeits- und Schnelligkeitskonkurrenzen Deutschlands sind vorüber, und um die Ergebnisse wird in Rede und Gegenrede gestritten. Während die Resultate der Fahrt den Techniker vollauf befriedigen müssen, haben die nicht unerheblichen Unfälle, die sich während der Veranstaltungen ereigneten, leider auch wieder Wasser auf die Mühlen der Automobilfeinde geliefert. Man wird daher darauf bedacht sein müssen, die Propositionen für das nächste Jahr so zu gestalten, dass Unfälle vermieden werden.

Die diesjährigen Konkurrenzen bestanden aus der eigentlichen Zuverlässigkeitsfahrt für Tourenwagen jeder Art und Größe, der Herkomerfahrt, und ferner in einem reinen, absoluten Schnelligkeitsrennen für Tourenwagen von rund acht Liter Zylinderinhalt.

Die Herkomerfahrt ging über eine Strecke von rund 1600 km, die in sechs Tagesetappen zurückgelegt werden mussten. Auf dieser Fahrt wurde die Schnelligkeit in keiner Weise gewertet, dafür aber jede Havarie, die einen unfreiwilligen Aufenthalt bedingte, in ganz empfindlicher Weise mit Strafpunkten bedacht. Noch vor wenigen Jahren wäre wohl kaum ein einziger Wagen ohne ganz erhebliche Belastungen mit schlechten Punkten über solche lange Strecke ans Ziel gekommen. Gegenwärtig aber steht die Kraftfahrzeugindustrie bereits auf einer derartigen technischen Höhe, dass auch solche scharfe Konkurrenz nicht zum Ausscheiden der meisten Teilnehmer führen kann. Man war daher genötigt, in die zunächst als reine Zuverlässigkeitsfahrt für Tourenwagen gedachte Herkomerkonkurrenz sehr scharfe und ausschlaggebende Schnelligkeitsprüfungen einzuschalten. Aus der Gruppe der absolut zuverlässigen Wagen sollten dann die relativ schnellsten als Sieger gelten. Um die Güte der Wagen als Bergsteiger zu erproben, war also das Rennen am Kesselberg eingeschoben, für die Geschwindigkeitsprüfung in der Ebene diente das Rennen im Forstenrieder Park bei München.

Nun ist es eine alte Erfahrung, dass die Propositionen einer angesehenen Konkurrenz stets zu Konstruktionen *ad hoc* führen. So ging es auch bei der Herkomerfahrt und mehr noch bei dem später zu besprechenden Taunusrennen. Es entstanden absolut zuverlässige und extrem schnelle Fahrzeuge, die jedoch kaum noch als Tourenwagen angesprochen werden und in der Hand manch eines Amateurfahrers nur zu leicht Unheil anrichten konnten. Es trat hier wieder einmal der alte Satz in die Erscheinung, dass nicht das Automobil, sondern der Chauffeur gefährlich ist. Neben tadellosen Fahrern traten andere auf, die nur ungern an Gartenzäunen und Telegrafenstangen vorbeifuhren, ohne ein Stück davon mitzunehmen. Vielleicht wird man doch bei der nächsten Herkomerkonkurrenz, falls die übrigen Propositionen so wie bisher bleiben, an eine schärfere Aussiebung des Fahrermaterials gehen müssen. Gegenwärtig kann jeder, der seinen Fahrschein vom Sachverständigen erhalten hat, in dieser Konkurrenz mitfahren, und bei aller Achtung vor dem Begriff des Amateur- oder Herrenfahrers erscheint dies doch bedenklich. Der Verfasser dieser Zeilen kontrollierte während der vorjährigen Herkomerfahrt einen englischen 70 PS-Daimlerwagen, dessen Führer, ein brillanter Fahrer vom Stamm der Nazarro und Lancia, ein Mitglied des römischen Automobilclubs war. Der Wagen fuhr damals auf der Strecke Frankfurt – München geraume Zeit mit Geschwindigkeiten von 110 km/h, ohne dass dem Verfasser auch nur der Gedanke an eine Gefahr gekommen wäre. Es ist eben ein Unterschied zwischen Fahrer und Fahrer, den der Mitfahrende an jeder Kurve deutlich spürt. Bei der diesjährigen Herkomerfahrt lag die Steuerung sehr schneller Wagen stellenweise in den Händen von Fahrern, die besser erst mit schwächeren Wagen ein Jahr hätten trainieren sollen.

Etwas Ähnliches gilt für das Taunusrennen um den Kaiserpreis. Auch dies ist ja seinen Propositionen nach ein Rennen für Tourenwagen. Das alte Gordon-Bennett-Rennen schrieb nur ein Höchstgewicht von 1000 kg vor, und sonst konnten die Konstrukteure machen, was sie wollten. Der Effekt war die Erbauung von Rennungetümen, die nachher auf keiner Landstraße zu gebrauchen waren, und an denen der Konstrukteur von Tourenwagen auch nichts mehr lernen konnte. So trat für Deutschland an die Stelle des Gordon-Bennett-Pokals der Taunus-Kaiserpreis. Es wurde ein Minimalgewicht von 1175 kg vorgeschrieben und ein Zylinderinhalt von höchstens acht Litern. Diese Propositionen muss-

ten nach menschlichem Ermessen einen guten Tourenwagen von etwa 60 PS ergeben. Mit einem solchen lassen sich in der Ebene Geschwindigkeiten von etwas über 100 km/h erreichen, man befand sich also immerhin in einem Schnelligkeitsrennen, das den alten Gordon-Bennett-Veranstaltungen kaum etwas nachgab.

Auch hier verstand es aber die Technik mit Leichtigkeit, aus den Bedingungen noch mehr herauszuwirtschaften, als ursprünglich darin liegen sollte. Die Leistung eines Motors steigt innerhalb ziemlich weiter Grenzen ja nicht nur mit dem Zylinderinhalt, sondern auch mit der Tourenzahl. Durch Verwendung sehr schnell laufender Motoren kam man daher auf Leistungen bis zu 80 PS. Nun ist aber ein sehr schnell laufender Motor keineswegs das Ideal einer zuverlässigen Maschine, da Verschleiß usw. natürlich stärker einsetzen als wie bei dem langsamer laufenden Motor. Ferner aber war der jetzt entstehende Wagen für viele der Fahrer zu schnell. Es erfordert eine langjährige Übung, um Maschinen mit Geschwindigkeiten von mehr als 100 km/h über kurvenreiche, unübersichtliche Wege sicher steuern zu lernen. So ging es denn leider auch hier nicht ohne Unfälle ab, wozu die regennasse Straße noch einiges beigetragen haben mag. Es wurden mehrfach Steine und Telegrafenstangen angefahren, und einer der Fahrer wurde schwer verletzt, ein Mechaniker getötet. Diese Umstände werden begreiflich, wenn man die gefahrenen Zeiten berücksichtigt. Die einzelne Runde war 118 km lang und wurde beispielsweise von dem Gewinner des Preises, dem Italiener Nazarro, einmal in einer Stunde 25 Minuten zurückgelegt. Es entspricht das einer Reisegeschwindigkeit von über 85 km/h, so dass angesichts der vielen Kurven, die notwendig geringere Geschwindigkeiten verlangen, mit Höchstgeschwindigkeiten von 120 und mehr km/h auf offener Strecke zu rechnen ist. Es scheint also, als ob auch dieses Tourenwagenrennen noch über die Bedürfnisse des idealen Tourenwagens herausgeht, und dass man auch hier für das kommende Jahr die Propositionen revidieren müssen wird, damit aus der Konkurrenz nicht, ähnlich wie beim Gordon-Bennett-Rennen, gefährliche Rennmaschinen, sondern ideale Tourenwagen erwachsen.

Der Mittel dazu gibt es zahlreiche. Man hat bis jetzt weder den Preis des Wagens, noch auch seine Wirtschaftlichkeit, d. h. seinen Benzinverbrauch, irgendwie bei diesen Konkurrenzen bewertet. Eine logische Weiterentwicklung der Dinge wird jedoch eines Tags dazu zwingen, auch diese Faktoren zu berücksichtigen. In der Hauptsache hat ja die Geschichte sämtlicher Automobilkonkurrenzen den folgenden Verlauf genommen: Im Anfang waren die Kraftfahrzeuge weder schnell noch zuverlässig, noch wirtschaftlich, noch billig. Unter solchen Umständen begannen um die Mitte der 1890er Jahre die ersten Fernfahrten, bei denen einfach der als Sieger galt, der das gesteckte Ziel, z. B. von Paris aus die Städte Bordeaux oder Brest, zuerst erreichte. Die Geschwindigkeiten waren sehr mäßig, im Jahr 1895 etwa 22 km/h, und es galt für ehrenvoll, überhaupt an das Ziel zu kommen. In den folgenden Jahren stiegen die Geschwindigkeiten jedoch enorm. Während die Automobilisten 1895 noch mit den Radfahrern konkurrierten, waren sie 1900 bereits mit 72 km/h Reisegeschwindigkeit Wettbewerber der Eisenbahn. Die folgenden Gordon-Bennett-Rennen steigerten die Geschwindigkeiten bis über 90 km/h, die amerikanischen Strandrennen, ohne Kurven und dergleichen, ergaben Höchstgeschwindigkeiten von über 150 km/h. Damit war die Epoche der reinen Schnelligkeitsrennen geschlossen, und in den Propositionen der Herkomer- und Taunuskonkurrenzen trat die Zuverlässigkeit und eine vernünftige Abgrenzung der Dimensionen in die Erscheinung. Zeigt sich nun, dass auch hierbei noch zu große Geschwindigkeiten erzielt werden, dass bei absoluter Zuverlässigkeit die Geschwindigkeit über die Maßen hoch wird, so wird man folgerichtig die beiden nächsten Faktoren von Wichtigkeit, nämlich den Preis des Wagens und den Benzinverbrauch, mit in die Propositionen hineinziehen müssen. Das geschieht z. B. bereits seitens der Deutschen Motorradfahrer-Vereinigung bei der bekannten Motorfahrt rund um Berlin. Auch hier wird nicht mehr die reine Geschwindigkeit, sondern die Wirtschaftlichkeit, d. h. der Benzinverbrauch, in bestimmten Beziehungen zur Geschwindigkeit und zum Zylinderinhalt bewertet. Der praktische Erfolg besteht darin, dass die übertrieben schnellen und schweren Motorzweiräder gegenüber einem leichten Gebrauchsmotorrad immer mehr verschwinden.

Vielleicht zeigt sich hier der Weg auch für die zukünftigen Veranstaltungen mit großen Wagen.

Der Bau der Berliner Hoch- und Untergrundbahn

Vortrag, gehalten in der Polytechnischen Gesellschaft zu Berlin

DIE WELT DER TECHNIK • 15.11.1907

Das Thema, über welches ich heute zu Ihnen zu sprechen die Ehre habe, bietet sowohl in betriebstechnischer wie auch in bautechnischer Hinsicht eine Fülle von interessanten Einzelheiten, eine Fülle von Punkten, in denen menschliches Wissen und menschliche Tatkraft mit großen Schwierigkeiten zu kämpfen hatten und erfolgreich gekämpft haben.

Eine Stadt ist Jahrhunderte hindurch in Ruhe gewachsen. Die kleinen Fischerdörfer Berlin und Cölln haben sich vereinigt und um sie herum ist die Stadt weiter in die Fläche gediehen. Ein drückender Befestigungsgürtel aus der Zeit des Großen Kurfürsten wird von dem wachsenden Leib gesprengt. Aber schon legt sich eine neue Fessel, eine aus Steuer- und Akzise-Gründen errichtete Stadtmauer um den Stadtkörper. Auch sie muss dem Wachstum weichen. Wie ein Baum wohl die schützende Stabhülle im Weiterwachsen sprengt, und wie dann einzelne Teile der Drahtbänder in den Stammkörper einwachsen, so finden wir heute die Spuren jener alten Stadtmauer und ihrer Tore beinahe wie Fremdkörper im Weichbild der Stadt. Das Wachstum schreitet fort. Längst ist das Land, das sich einst weit über die Mauern der Stadt als städtische Wiese und Weide ausdehnte, bebaut. Dörfer, die früher weit vor den Toren lagen, sind zu Großstädten geworden und bilden mit der Stadt Berlin praktisch ein Ganzes. Schließlich haben wir eine Fläche von drei Meilen im Durchmesser, welche dicht bewohnt ist und für welche die bisherigen Verkehrsmittel in keiner Weise genügen.

Längst sind die Zeiten vergangen, da einige wenige Sänften und Karossen dem Verkehr vollauf genügten. Es kommen die Pferdebahnen, die Omnibusse und endlich die elektrischen Straßenbahnen, welche in einem Jahr eine halbe Milliarde von Reisenden befördern. Es kommt die Zeit, wo Orte, die früher eine halbe Tagereise entfernt waren, wie Charlottenburg und Wilmersdorf, innerhalb Berlins liegen, wo die Forderung der städtischen Schnellbahnen laut wird. Unter städtisch möchte ich hier und in der Folge nur die Unternehmungen innerhalb der Stadtfläche verstanden haben. So weit die Stadt selbst als Unternehmerin auftritt, möchte ich den Ausdruck Magistratsbahnen wählen.

Es ist gerade der städtische Schnellverkehr, der im Lauf der letzten Jahrzehnte viele Leute beschäftigte und seine erste Lösung durch den Bau der Berliner Stadtbahn fand. Berlin umgab damals eine ringförmige Bahn, die alte Verbindungs- oder Ringbahn. 1870/71 versuchte man zuerst eine Querbahn von Westen nach Osten in den Ring zu legen und ihn dadurch in zwei Hälften, in den Nord- und den Südring zu teilen. Es ist das Unternehmen damals unter großen

Opfern durchgeführt worden. Freilich erst mit staatlichen Mitteln, nachdem eine Privatgesellschaft durch das Unternehmen ruiniert wurde, weil der Widerstand und die Opfer zu groß waren.

Wenn wir die Schnellverkehrsadern, die heute Berlin durchziehen, als kostbare Bänder oder Spitzen betrachten, dann ist die Stadtbahn das teuerste davon. Es kosten ja ihre 11 km 77 Millionen Mark, der Millimeter Stadtbahn kostet also 7 Mark, jedenfalls mehr als die teuerste Brüsseler Spitze. Dieses hohe Anlagekapital hat eine befriedigende Verzinsung unmöglich gemacht und von der Ausführung ähnlicher Bauten auf eigenem Gelände abgeschreckt.

Noch bevor jedoch die Stadtbahn in Betrieb kam, suchte Werner von Siemens die Konzession zu einer elektrischen Hochbahn nach, welche als städtische Schnellbahn den Belle-Alliance-Platz mit der Weidendammer Brücke, die Friedrichstraße entlang, verbinden sollte. Es ging aber das Projekt nicht durch. Die Anlieger wehrten sich gegen die Errichtung des Eisenviaduktes, und das Gesuch fiel ins Wasser. Aber Siemens hat in seinen Bestrebungen nicht locker gelassen, und man kann heute wohl sagen, dass diese Bemühungen von Erfolg gekrönt worden sind. Wir haben heute nach jahrelangen Kämpfen, Verhandlungen und Wandlungen ein elektrisches Hochbahnsystem, das wohl befriedigen kann. Auf das erste Projekt einer Süd-Nord-Linie folgte ein zweites Projekt, welches dem Zug des Landwehrkanals von der Mitte dieses Kanals bis zur Mündung in die Oberspree mit geringen Abweichungen folgen sollte. Dieses Projekt, welches zu Anfang der 1890er Jahre zur Debatte stand, hat Abweichungen erfahren, aus dem die jetzige Hochbahn mit der be-

kannten Ost-West. Linie Warschauer Brücke – Zoologischer Garten einerseits und mit Abzweigung der Stadtadern entstanden ist.

Diese Ost-West-Hochbahnstrecke verbindet die beiden Stadtbahnhöfe Warschauer Brücke und Zoologischer Garten und bildet mit dem zwischen diesen Bahnhöfen liegenden Stadtbahnstück gewissermaßen einen kleinen inneren Stadtring. Diese Ostwestlinie verlängert sich im Osten durch eine Flachbahn, welche zum Zentral-Viehhof führt, im Westen durch eine Untergrundbahn bis tief hinein nach Charlottenburg und Westend. In der Mitte der Ost-West-Linie liegt eine Abzweigung zum Potsdamer Platz und weiter die Stadtlinie zum Alexanderplatz, zum Schönhauser Tor und endlich zur Nordringstation Schönhauser Allee. Diese Stadtlinie schneidet also die alte Ringbahn, welche durch die west-östlich verlaufende Stadtbahn bereits vor 25 Jahren in einen Nord- und einen Südring zerlegt wurde, in der Hauptsache in nordsüdlicher Richtung und teilt sie dadurch in einen Ostring und einen Westring. Zurzeit ist die West-Ost-Linie fertig ausgebaut, an der Stadtlinie wird gearbeitet. Vor wenigen Tagen konnten wir an der Eröffnung des neuen Bahnhofs Leipziger Platz teilnehmen. Bis zum Jahr 1909 soll die Strecke bis zum Spittelmarkt in Betrieb kommen, bis zum Jahr 1912 die Strecke bis zum Alexanderplatz und bis 1915 die gesamte Strecke bis zum Schönhauser Tor.

An Projekten sind weiter zu nennen gewisse Tunnelbauten, die zwar nicht ohne weiteres zum Schnellverkehr gehören, aber in der Bauausführung ähnlich sind. Hier ist das Projekt des Berliner Magistrates für eine Süd-Nord-Linie zu erwähnen. Begreiflicherweise möchte die Stadt Berlin, welche in vergangenen Jahren das Recht des Oberflächenverkehrs ziemlich bedingungslos aus der Hand gegeben hat, sich wenigstens den Schnellverkehr unter oder über der Straße vorbehalten und möchte den Anfang dazu mit der Erbauung dieser Süd-Nord-Linie machen. Wenn wir recht alt werden, ist es immerhin möglich, dass wir noch einiges davon erleben.

Sodann ist das Projekt der Schwebebahngesellschaft zu nennen. Dieses führt vom Bahnhof Gesundbrunnen in hauptsächlich nordsüdlicher Richtung nach Rixdorf. Auf der Strecke von der Lothringer Straße bis zur Köpenicker Straße würde diese Bahn eine scharfe Konkurrenz der Hochbahn bilden, auf einer Strecke von einem Kilometer beinahe neben ihr verlaufen. Ob sie zur Ausführung kommt, lässt sich heute natürlich noch nicht sagen. Man kann es verstehen, dass die Schwebebahn-Gesellschaft, welche in Barmen-Elberfeld recht erfreuliche Erfolge zu verzeichnen hatte, ihr System auch in Berlin gern zur Einführung bringen möchte. Für die Berliner selbst dürfte dies Nebeneinander der verschiedensten Systeme freilich ein sehr zweifelhafter Genuss sein, da eine spätere Interessengemeinschaft und Verschmelzung der einzelnen Schnellbahnen dadurch praktisch dauernd unmöglich wird. Denkt man doch heute schon anlässlich der bevorstehenden Elektrisierung der Stadtbahn ernstlich darüber nach, ob und wie vielleicht einmal später eine Betriebsmittelgemeinschaft zwischen beiden Bahnen möglich ist. Zu dieser Zeit wiederum ein drittes, gänzlich verschiedenes System in das Netz einflechten, bedeutet natürlich eine weitere Komplikation, die betriebstechnisch sehr bedauerlich ist, so gut sich auch das Schwebebahnsystem an anderer Stelle bewährt haben mag.

Schließlich sind hier noch zu nennen die geplanten Tunnel der großen Berliner Straßenbahn, um einmal den Potsdamer Platz und die Leipziger Straße zu entlasten und um ferner auch mit den Straßenbahnen in die ihnen bisher verschlossene Straße Unter den Linden hineinzukommen.

Nach diesen allgemeinen verkehrstechnischen Ausführungen möchte ich nun zur Bauausführung selbst übergehen.

Wenn jemand bauen will, verlangt er eine freie Baustelle, einen freien Baugrund, auf dem er während des Baus schalten und walten darf, und er verlangt außerdem, dass die Nachbarn ihn nicht stören. Diese wohl selbstverständlichen Bedingungen sind bei der Ausführung der Untergrundbahn kaum an einer Stelle erfüllt. Wo sie gebaut werden sollte, war schon etwas Anderes. Da lagen Kabel oder Rohrleitungen in der Erde. In ihrer Nachbarschaft standen Häuser, an die die Bahn dicht heran musste, und die mit allen Mitteln der modernen Technik abzufangen waren, um vom Einsturz bewahrt zu bleiben; auch hatte man mit großen Bodenschwierigkeiten zu kämpfen. Das Grundwasser war so hoch, dass die Arbeiten nur sehr schwierig ausgeführt werden konnten. Außerdem konnte man auf der Baustelle nicht frei schalten und walten, denn vieler Orten, z. B. am Spittelmarkt, musste der Verkehr ungehindert weiter gehen, während an dieser Stelle gebaut wurde. Das sind Tatsachen, die bei der Bauausführung eine Fülle von neuen Arbeitsmethoden notwendig machten und oft fast unüberwindliche Schwierigkeiten boten.

Ich möchte einige dieser bautechnischen Schwierigkeiten an einigen Beispielen illustrieren.

Unsere Mark ist zum großen Teil alter Meeresboden. Der Berliner Baugrund besteht aus Schwemmsand, der durch und durch vom Grundwasser durchdrungen ist. In diesem Sand finden sich aus der Eiszeit oft schwere Findlinge, die oft mit großen Schwierigkeiten entfernt werden mussten. Außer diesen natürlichen Schwierigkeiten fand die Bauleitung eine große Anzahl anderer Dinge, welche an eine andere Stelle gebracht werden mussten. Da ist die Kanalisation zu nennen. Vielfach haben Verlegungen von Rohren stattgefunden. Gelegentlich ereignete es sich, dass man auf Kanäle stieß, die auf keinem Plan verzeichnet waren. So war es an der Warschauer Brücke, wo ein Kanal vollständig zu überfangen war, so dass die Bauarbeit eine sehr schwierige war und verzögert wurde. Einen ähnlichen Fall hatte man am Belle-Alliance-Platz, wo ein altes Kanalisationsrohr unterhalb des Bahnhofs entlanglief, und es notwendig wurde, die Fundamente auf der einen Seite völlig unsymmetrisch auszubilden, um das Rohr zu überbrücken. Derartige Fälle haben sich an anderen Stellen noch des Öfteren wiederholt.

Vielfach war es nötig, die Kanalisationsrohre unterhalb oder oberhalb des Tunnels durchzuführen.

Eine neue Schwierigkeit bot die Durchführung des Tunnels in Charlottenburg unter die Stadtbahn. Bevor man daran ging, den Tunnel zu bauen, war es notwendig, die Brücke abzufangen, die Pfeiler wegzunehmen und Fundamente zu schaffen *(Abb. 1 u. 2)*. Das alles musste geschehen, ohne den Stadt- und Fernverkehr zu stören. Zu diesem Zweck wurde die Brücke durch Bohlen abgesteift. Das war sehr schwierig, aber die Arbeit wurde ohne Störung ausgeführt. Sie sehen in *Abb. 4* eine Leiter bereitstehen. Ebenso war ein Betriebsbeamter während dieser Arbeiten jederzeit bereit, hinaufzusteigen und den Stadtbahnverkehr zu stoppen, falls dies etwa notwendig geworden wäre.

Eine andere interessante Schwierigkeit bot die Ausführung des Tunnels am Potsdamer Bahnhof um den kleinen Kirchhof herum. Es war ursprünglich geplant, den Tunnel über den Potsdamer Platz zu führen. Er sollte mit seiner Mündung in die Königgrätzer Straße hineingehen, den Potsdamer Platz überqueren und bis zur Voßstraße gehen. Dieses Projekt bot aber eine Fülle von Schwierigkeiten. Unter dem Potsdamer Platz liegt ein großes Sammelbassin, das alsdann vollständig hätte beseitigt werden müssen. Man ging daher mit dem

Abb. 1. Gerüst zum Auswechseln der Säulen der Stadtbahnbrücke am Zoologischen Garten.

Abb. 2. Gerüst zum Auswechseln der Säulen der Stadtbahnbrücke am Bhf. Zoologischen Garten.

Tunnel vom Potsdamer Platz seitwärts um den Kirchhof herum bis zum Potsdamer Hauptbahnhof. Nun verlangte die Stadt jedoch, dass dieser Tunnel so angelegt werden sollte, dass er nicht kippen konnte, wenn später die magistratliche Tunnelbahn ausgeführt würde. Um das zu erreichen, war es notwendig, unter dem Tunnelgrund große Senkkästen einzulassen, auf welche dann der eigentliche Tunnel erst errichtet wurde. Inzwischen haben die Dinge eine andere Wendung genommen. Es ist gelungen, unter Benutzung der Neubauten von Aschinger und Wertheim, den Potsdamer Platz zu umgehen.

Zu der Schwierigkeit der Bauausführung gehörte auch die Nachbarschaft von Häusern, die nicht so tief fundamentiert waren wie der geplante Tunnel, so dass der Einsturz zu befürchten war. Es waren dies die Häuser in der Köthener Straße, am Potsdamer Platz und andere mehr. Besonders muss dabei das Empfangsgebäude des Potsdamer Bahnhofs genannt werden.

Es war notwendig, diese Häuser erheblich tiefer zu fundamentieren, da andernfalls zu befürchten war, dass sie in die Baugrube rutschen würden. Zu dem Zweck musste man die ganze Front eines solchen Hauses zunächst durch Trieblanden und Balkengerüste abfangen. Dies Verfahren veranschaulicht *Abb. 3.* Wir sehen hier die Südfront des Empfangsgebäudes des Potsdamer Bahnhofs, welche völlig auf Trieblanden und Topfschrauben steht, während die alten Fundamente fortgenommen sind und durch neue, sehr viel tiefer gehende ersetzt werden. Begreiflicherweise waren dies außerordentlich subtile Arbeiten. Hätte doch die Senkung einer einzelnen Schraube oder Lade leicht zu Rissen im Gebäude führen können.

Abb. 3. Abfangung des Empfangsgebäudes der Potsdamer Bahn zu Berlin während des Baus der Hoch- und Untergrundbahn.

Noch weiter musste man bei anderen Häusern in der Köthener Straße gehen. Hier musste der Tunnel, wie *Abb. 4* zeigt, stellenweise bis unter das Haus geführt werden. Diese Häuser mussten von der Gesellschaft erworben werden. Ein Teil der Hinterhäuser wurde sodann niedergerissen, und nach Vollendung des Tunnels baute man die Häuser wieder auf der Tunneldecke auf. Die Eisenkonstruktion des Tunnels musste natürlich die nötige Tragfähigkeit erhalten.

Wo die Häuser oben im Wege standen, hat man sie geschlitzt. Das ist an verschiedenen Stellen passiert, in der Trebbiner, Liebenwalder und in der Dennewitzstraße *(siehe Abb. 5)*. Man hat erst einen vollständigen Eisenrahmen eingesetzt, um die Last des Hauses aufzunehmen, und dann das Mauerwerk innerhalb der Eisenkonstruktion herausgenommen, um Luft für den Bahndurchgang zu bekommen. Bei der Montage der Brücken boten sich ebenfalls Schwierigkeiten von mancherlei Art. Eine Brücke *(Abb. 6)* kreuzt den Landwehrkanal und die Linie der Anhalter Bahn. Der Punkt ist verkehrstechnisch interessant, weil hier vier Verkehrsadern in vier verschiedenen Höhenlagen zusammenkommen, nämlich, von unten angefangen, der Landwehrkanal, die städtischen Straßen, die Anhalter Bahn und die Hochbahn.

Für die Errichtung der schweren eisernen Brücke musste man zunächst ein eisernes Lehrgerüst herstellen. Die einzelnen Teile dieses Gerüstes wurden auf schwimmenden Pontons montiert, und danach zwischen Pfahlauflager eingefahren und über die Bahn hinaus vorgestreckt, ohne dass der Verkehr auf der Anhalter Bahn selbst dadurch irgendwelche Beeinträchtigung erfahren hätte.

Auch die Montage der großen Brücke über die Stränge der Potsdamer Hauptbahn bot verschiedene Schwierigkeiten.

Abb. 4. Untertunnelung von Gebäuden der Köthener Straße.

Die Brücke selbst wurde als kontinuierlicher Träger ausgebildet. Eine besondere Schwierigkeit lag darin, dass die Bahnverwaltung eine Verschiebbarkeit des mittleren Pfeilers um 4,5 m nach jeder Seite vorschrieb, um dadurch späterhin immer noch beliebig mit ihren eigenen Gleisen disponieren zu können. Die Aufgabe wurde in der Weise gelöst, dass die Brücke einen starken Unterzug erhielt, der drei Knotenpunkte umfasst. Unterhalb dieses Unterzugs kann die Stütze ohne weiteres verschoben werden. Es ist jedoch auch ferner die Möglichkeit vorgesehen, den Unterzug selbst noch nach jeder Seite um eine Feldbreite

Abb. 5. Durchschlitzung eines Hauses (Dannewitzstraße).

zu verlängern. Die Ausführung der Brücke selbst erfolgte auf einem Lehrgerüst, wie dies die *Abb. 7* zeigt.

Dabei musste, um den Bahnverkehr nicht zu stören, das Lehrgerüst höher angelegt werden, als es der endgültigen Brückenlage entsprach. Man baute die Brücke also in einer etwa 1½ m zu hohen Lage, entfernte dann das Lehrgerüst und senkte die Brücke auf ihre endgültige Auflage herab.

Wenden wir uns nun zur Betrachtung der normalen Hochbahnausführung. Vom Hochbahnviadukt wird verlangt, dass er möglichst stabil sei und möglichst wenig Platz und Licht wegnehme. Für die Anordnung selbst bot sich zunächst eine ganze Reihe verschiedener Möglichkeiten.

Abb. 7. Lehrgerüst für den Bau der großen, über die Gleise der Potsdamer Bahn führenden Hochbahnbrücke.

Man konnte feste Pfeiler hinstellen, und zwischen je zwei Pfeilern ein festes Brückenstück lagern. Derartige feste Pfeiler hätten jedoch in den unteren Teilen unverhältnismäßig breit werden müssen. Man hätte ferner eine solche Ausführung wählen können, derart, dass man zwischen je zwei feste Standpfeiler mehrere Pendelpfeiler anordnete und den Brückenschub durch die Standpfeiler aufnehmen ließ. Bei dieser Anordnung wären immerhin in nicht allzu

Abb. 6. Brücke über den Landwehrkanal.

weiten Abständen schwere Standpfeiler notwendig geworden. Man hat Pendelstützen daher nur gelegentlich und ausnahmsweise benutzt, wie beispielsweise bei dem Viadukt am Sedanufer, zwischen dem Bahnhof Hallesches Tor und der Gitschiner Straße. Hier boten starke Sandsteinpfeiler ohne weiteres Gelegenheit, den Brückenschub aufzufangen und die Pendelstützen konnten besser als die normale Viaduktausführung dem wechselnden Terrain angepasst werden. Für die normale Strecke ist indes der in *Abb. 8* dargestellte Viadukt gewählt worden.

Man kann sich seine Ausführung sehr leicht veranschaulichen, wenn man sich vorstellt, dass eine Reihe vierbeiniger Tische in gewissen Abständen voneinander aufgestellt und dass dann weiter die Zwischenräume zwischen den Ti-

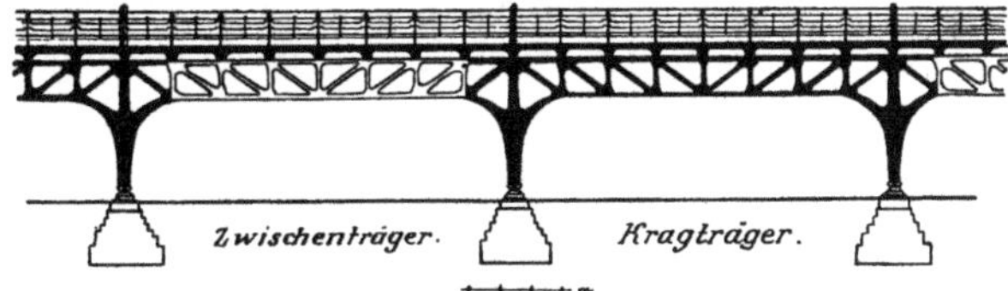

Abb. 8. Normalviadukt der Berliner Hochbahn.

schen durch übergelegte oder eingehängte Tischbretter ausgefüllt sind. Die Tische haben, obwohl sie mit ihren Beinen nur auf dem Erdboden stehen und nicht etwa in ihn hineingesteckt oder sonst wie starr mit ihm verbunden sind, eine sehr große Standfestigkeit. Nach demselben Prinzip ist, wie gesagt, der Normalviadukt ausgeführt. Wir müssen uns die Abbildung natürlich auch in die Tiefe fortgesetzt denken, so dass hinter jedem Pfeiler, den wir auf dem Bild sehen, in Bahnbreite ein zweiter gleichartiger Pfeiler steht. Zwei solche Pfeiler und der mit ihnen starr verbundene Kragträger bilden dann gewissermaßen die Längsseiten eines vierbeinigen Ti

Abb. 9. Schräge Stellung der Viaduktstützen der Weststrecke.

sches. In der *Abb. 8* ist dieses tischartige Gebilde tiefschwarz ausgeführt und wir sehen auf der linken Seite derselben Abbildung den Anfang eines zweiten Tisches. Zwischen je zwei Tische sind dann die Zwischenträger lose eingehängt, so dass die Eisenkonstruktion der Wärmeausdehnung frei nachgehen kann. Diese Normalkonstruktion ist nur an sehr wenigen Stellen nennenswert verändert.

Auf den beiden Hauptlängsträgern liegen die Querträger, welche durch Konsoleisen mit dem Viadukt verbunden sind. Diese Querträger tragen auf der Oststrecke unmittelbar die hölzernen Streckenschwellen. Sie sind ferner auf der Oststrecke durch stehende Tonnenbleche verbunden, welche die Kiesschüttung aufnehmen. Auf der Weststrecke hat man hängende Tonnenbleche gewählt und dadurch genügende Widerstandsfähigkeit gewonnen, um die hölzernen Schwellen unabhängig von den Querträgern in den Kies betten zu können. Im Interesse der Schalldämpfung bedeutet dies einen entschiedenen Fortschritt. Auf der Weststrecke ist ferner mehrfach an Stelle der senkrechten eine schräge Stellung der Stützen gewählt worden, wie dies *Abb. 9* zeigt. Dadurch kamen die Stützen in die Raseneinfassung der Mittelpromenade und diese selbst wurde für den Verkehr frei. *Abb. 10* endlich zeigt die Anwendung von Pendelstützen, sowie die Ausführung am Sedanufer, woselbst besondere Verkehrsverhältnisse, Gleisführungen der Straßenbahn usw., eine außergewöhnliche Stützenbreite vorschrieben.

Wir wollen nun die Untergrundbahnstrecke besprechen. Der Ausdruck Untergrundbahn ist eigentlich nicht zutreffend; man müsste besser Unterpflasterbahn sagen.

Als man anfing, die ersten Tunnel zu bauen, lagen verhältnismäßig noch wenige Erfahrungen vor. Man übernahm zum Teil, namentlich in Bezug auf die Absteifung der Baugrubenwände, die Arbeitsweisen, welche sich bei der Ausführung der Berliner Kanalisation bewährt hatten und hatte als erste grundlegende Neuheit nur die weitgehende Absenkung des Grundwasser spiegels. Es handelte sich darum, bis in eine Tiefe von 2 m unter dem normalen Grundwasserspiegel eine trockene Baugrube zu schaffen und das Grundwasser dementsprechend abzusenken. Man hat dies durch die Anlage zahlreicher Rohrbrunnen erreicht. Die ganze Tunnelstrecke wurde gewissermaßen mit solchen Brunnen gespickt, die in zwei Reihen und in Abständen von etwa 7 m angelegt wurden und noch etwa 2 m unter die unterste Tunnelsohle reichten. Der unterste Teil dieser Brunnen war siebartig, so dass man aus dem Brunnen wohl Wasser, aber nicht etwa Schwemmsand absaugen konnte. Die Brunnen wurden nun durch eine Saugleitung verbunden und an diese schloss man kräftige Saugpumpen an. In starkem Strom holten diese das Grundwasser aus dem Brunnen und die Folge war die gewünschte Senkung des Grundwasserspiegels. Es bildete sich im Grundwasserspiegel gewissermaßen eine flache Mulde, deren tiefster Punkt in der Baugrube lag, deren Einfluss sich aber beispielsweise von der Baustelle am Leipziger Platz noch bis zum kleinen Stern im Tiergarten erstreckte, woselbst in den Brunnen noch eine merkliche Senkung des Grundwasserstandes konstatiert wurde.

Die Absteifung der Baugrubenwände wurde zunächst durch gerammte Spundwände erzielt. Die Praxis zeigte jedoch einige Schattenseiten dieses Verfahrens. Die langanhaltende Arbeit der Dampframmen bedeutete eine Belästigung der Anwohner, und die Spundwände selbst konnten ein schwaches Nachsacken der benachbarten Fahrdämme und dementsprechend geringe Pflasterzerstörungen nicht völlig verhindern. Man ist daher im Lauf der Bauausführung selbst zu einem sehr viel billigeren und geräuschloseren Verfah-

Abb. 10. Pendelstützen am Sedanufer bei außergewöhnlicher Stützenbreite.

ren übergegangen. Es werden jetzt in der Linie der Baugrubenwand starke I-Eisen in 1 m Abstand in das Erdreich geschlagen. Diese Eisen lassen sich mit wenigen Rammschlägen in die gewünschte Tiefe treiben. Nun wird die Baugrube selbst ausgehoben, und in demselben Maße, in dem die Aushebung vorschreitet, werden in die I-Eisen von Eisen zu Eisen meterlange Bohlenstücke eingefalzt und durch passende Holzklötze in den Falzen der Eisen festgekeilt. Die so entstehenden Bohlenwände selbst werden durch Querhölzer in üblicher Weise

*Abb. 11. Beginn der Untergrundbahnbauten.
Die Ramme erscheint auf dem Bauplatz.*

gegeneinander abgesteift. Durch dieses Verfahren haben die Bauarbeiten eine wesentliche Verbilligung und Beschleunigung erfahren.

Ist nun die Baugrube hergestellt, so beginnt die Erbauung des eigentlichen Tunnelkörpers. Auf der gut geebneten Bodenfläche der Baugrube wird zunächst eine schwache Betonschicht ausgebreitet. Ebenso wird die Baugrubenwand mit einer schwachen Betonschicht verkleidet. Nachdem dieser Beton völlig abgebunden hat, wird seine Oberfläche mit heißem Teer bestrichen,

Abb. 12. Baustelle der Berliner Untergrundbahn am Wittenbergplatz.

und es werden die Dachpappen unter weiterer reichlicher Zugabe von Teer aufgeklebt. Danach wird die eigentliche schwere Tunnelsohle in Beton geschüttet und durch Darüberziehen von Holzschablonen sofort die gewünschte Form einer Doppelmulde für die Aufnahme der beiden Gleise und der Mittelstützen hergestellt. Nun werden auch die Seitenwände in der Breite der zu errichtenden Betonmauern eingeschalt, und es erfolgt die Herstellung der Betonwände

selbst in Stampfbeton. Nach dem Abbinden des Betons und nach Entfernung der Verschalungen und Schablonen ist der Tunnel zur Aufnahme der eisernen Mittelstützen fertig. Diese erhalten dann kräftige Unterzüge, wie das unsere *Abb. 12* der Baustelle am Wittenbergplatz im Vordergrunde erkennen lässt. Über diese werden die eisernen Querträger gelegt. Zwischen die Querträger wird dann wiederum die Betondecke unter Verwendung hölzerner Lehren in Form preußischer Kappen eingestampft. Alsdann werden die I-Eisen, welche ursprünglich das Geripppe der Baugrubenwand bildeten, etwa 1 m unterhalb der Straßenoberfläche abgekreuzt. Es wird der schräge Übergang zwischen Seitenwand und Decke in Beton hergestellt und nun die Dachpappen-Teerschicht von den Seitenwänden her über die Tunneldecke selbst geschlossen durchgeführt. Darauf folgt nochmals eine schwache Betonschutzschicht und nach deren Abbinden kann die Straße über dem Tunnel wieder geschlossen werden.

Einen interessanten Punkt der ganzen Hochbahnanlage bildet das Gleisdreieck, welches seinerzeit nach den besonderen Vorschlägen des bekannten Verkehrstechnikers, des Regierungsrats Kemmann, erbaut wurde. Es handelte sich hier darum, die drei Gefahrpunkte eines solches Dreieckes, in welchen sich Gleise verschiedener Fahrtrichtung kreuzen, zu vermeiden. Dies wurde in der Weise erreicht, dass man die Kreuzungen in verschiedene Niveaus legte. Bemerkenswert sind die zum Teil recht komplizierten Eisenkonstruktionen, welche für die Herstellung der Übergänge notwendig wurden. Durch diese Anordnung ist auch im Gleisdreieck ein Zweiminuten-Betrieb möglich geworden, der bei Niveaukreuzungen in den Gefahrpunkten unmöglich gewesen wäre.

In der Nähe des Gleisdreiecks liegt auch das Kraftwerk. Es enthält unten die Maschinen, und darüber befinden sich die Kessel. Der Schornstein beginnt erst im zweiten Stockwerk, unter dem Schornstein befinden sich Räume zur Benutzung für die Arbeiter.

Interessant ist die Förderung der Kohlen. Die Kohlen werden vom Landwehrkanal mittels mechanischer Hilfsmittel, Becherwerke, in das Kraftwerk bis unter die Kessel befördert.

Im Folgenden soll nun die Fortführung der Bahn in die Stadt hinein vom Potsdamer Platz unter dem Leipziger Platz hinweg usw. bis zum Spittelmarkt besprochen werden.

Ursprünglich wollte man die Bahn über den Potsdamer Platz in die Königgrätzer Straße und von dort in die Voßstraße führen. Zu dem Zweck war der Tunnel bereits über den Bahnhof Potsdamer Platz hinaus verlängert worden, und zwar führte er in die Königgrätzer Straße hinein an dem Friedhof auf dem Vorland des Potsdamer Bahnhofs entlang. Eine solche Linienführung hätte zweifellos erhebliche Schwierigkeiten bereitet. Ist doch der Potsdamer Platz wohl der verkehrsreichste Punkt, den wir in Berlin überhaupt haben und hätte man doch ferner ein großes städtisches Klärbassin entfernen müssen, welches sich unter dem Potsdamer Platz befindet. Mit Vergnügen ergriff man daher die Gelegenheit, welche zwei große Neubauten boten, um den Tunnel vom Potsdamer Platz aus in ziemlich gerader Linie über die Königgrätzer Straße hinweg und weiter unter dem Häuserblock des Hotel ›Fürstenhof‹ hinweg über den Leipziger Platz und dann wiederum unter dem Warenhaus Wertheim hinweg in die Voßstraße zu führen.

Diese Linienführung wurde möglich, nachdem einmal eine Erweiterung des Warenhaus Wertheim stattfand, bei welcher man im Einvernehmen mit dem Bauherrn sofort das hier nötige Tunnelstück in die Fundamente einbauen konnte. Dann kam der Neubau des Hotels ›Fürstenhof‹, bei welchem in gleicher Weise verfahren wurde. Bei beiden Bauausführungen handelte es sich darum, den Tunnel derartig herzustellen, dass er völlig von den über ihm stehenden Gebäuden getrennt war, dass also weder Geräusch noch Schall sich in die Gebäude fortpflanzen konnten. Zu dem Zweck wurde beim Neubau der genannten Häuser zunächst in deren Keller ein großer Untergrundbahntunnel ausgespart. Die Fundamentmauern wurden hier sehr viel tiefer heruntergeführt, als die Unterkante des Tunnels selbst liegt. Durch schwere eiserne Träger wurde die Gewichtslast der darüber befindlichen Gebäude aufgefangen. So steht beispielsweise die Straßenfront des Warenhaus Wertheim oberhalb des Tunnels auf einem schweren Fischbauchträger und ebenso ruht das Aschinger-Haus auf schweren Eisenkonstruktionen. In die derart ausgesparten Tunnelöffnungen wurde nun der Untergrundbahntunnel so eingebaut, dass er an keiner Stelle Berührung mit dem Gebäude hat. Seine Seitenwände sind etwa ¼ m von den Wänden der Gebäude entfernt, und seine Decke hat mit der erwähnten Eisenkonstruktion der Gebäudetunnel ebenfalls keinerlei Zusammenhang. Auch die Mittelstützen des Gebäudetunnels sind frei durch den Untergrundbahntunnel hindurchgeführt. Sie werden von diesem kastenartig umgeben.

Besondere Schwierigkeiten bereitete weiter noch die Unterfahrung der Leipziger Straße *(Abb. 13)*. Hier durfte natürlich der äußerst lebhafte Verkehr in keiner Weise gestört werden.

Man musste daher im Niveau der Leipziger Straße selbst eine Brücke von 5000 kg Traglast erbauen. Man begann die Arbeiten damit, dass man zunächst in den Linien der Baugrubenwände quer über die Leipziger Straße Schlitze in die Asphaltbetonpflasterung schlug und durch diese kräftige Pfähle und neben diesen I-Eisen in das Erdreich rammte. Diese Arbeiten mussten naturgemäß während der wenigen Stunden, in denen der Verkehr des Nachts ruhte, vorgenommen werden. Nachdem nun diese Pfähle und Eisen geschlagen worden waren, wurden auf ihnen etwa ½ m unter dem Straßenpflaster schwere Unterzüge gelegt. Ferner wurde noch eine solche Pfahlreihe zwischen beiden Wandlinien, also etwa den Mittelstützen des Tunnels entsprechend, geschlagen. Nun nahm man sich die Leipziger Straße an der Kreuzungsstelle in einzelnen Längsstreifen vor. Zunächst kam der südliche Bürgersteig an die Reihe. Er wurde für einige Tage gesperrt. Pflaster und Sand wurden bis zur Tiefe von

Abb. 13. Die Untergrundbahnbauten am Leipziger Platz.

½ m entfernt. Sodann legte man über die Unterzüge kräftige Balken in der Längsrichtung der Straße und stellte auf diesen einen soliden Bohlenbelag in der Höhe des ursprünglichen Trottoirs her. Alsdann kam der nächste Streifen des Fahrdamms bis an die Straßenbahngleise zur Bearbeitung. Auch hier wurde das Asphaltbeton-Pflaster entfernt und unter Verwendung starker eiserner I-Träger eine Bohlenbrücke für den Wagenverkehr hergestellt. Ebenso ging es mit dem nördlichen Bürgersteig und dem anschließenden Dammstreifen. Schließlich wurde auch der Mittelteil des Damms, auf welchem die Straßenbahngleise liegen, durch eine besonders schwere Brücke ersetzt. Nun konnte man das Erdreich unter der Straße unter entsprechender Ausfalzung der geschlagenen I-Eisen gefahrlos fortnehmen, ohne irgendwelche Senkungen oder sonstige Zufälle befürchten zu müssen. In gleicher Weise wurde die Königgrätzer Straße und wurden auch die beiden Seitenstraßen des Leipziger Platzes mit Brücken versehen.

Auf dem Platz selbst bereitete noch einer der alten Lindenbäume Schwierigkeiten, der gerade in der Fluchtlinie der Bahn stand. Man hat ihn mit Erfolg um 15 m verschoben. Unsere *Abb. 14* zeigt Einzelheiten dieser Verschiebungsarbeiten.

Man grub zunächst das Erdreich um den Baum derart fort, dass ein Sandblock von 5 m Seitenkante und etwa 3 m Höhe stehenblieb. Größere Wurzeln, welche aus diesem Block noch heraustraten, wurden einzeln ausgegraben und mit feuchtem Moos und Leinwand umwickelt. Dann wurde dieser Erdblock mit kräftigen Bohlen eingeschalt, so dass der Baum bereits in einer Art von Kübel stand, nach unten hin jedoch noch mit der Erde Verbindung hatte. Nun begann man auch das Erdreich von unten abzustechen, und zwar derart, dass man mit scharfen geraden Schaufeln an etwa 3 m langen Stielen von beiden Seiten her Schlitze von Bohlenbreite stach und durch jeden Schlitz sofort eine Bohle hindurchsteckte. So stand der Baum in kurzer Zeit auch nach unten hin auf einer Bohlenlage, die nun mit den Kübelwänden kräftig vernagelt und verbolzt wurde. Weiter brachte man dann I-Eisen unter den Boden, hob den ganzen Baum mit Topfschrauben an und brachte Rollen darunter, die auf einer Bohlenbahn lagen. Dann wurde der Baum einfach mit Hilfe von Flaschenzügen zu seinem neuen Standort gezogen und dort wieder ordnungsgemäß eingepflanzt. Auf unserm Bild des Leipziger Platzes sehen wir an der Westecke der nördlichen Platzhälfte vor dem Warenhaus Wertheim drei Linden in einer Reihe stehen. Die mittlere stand ursprünglich scharf an der Platzecke und ist inzwischen um die genannte Entfernung versetzt worden.

Wir können den Leipziger Platz nicht verlassen, ohne noch gewisse durch den im Zug der Leipziger Straße geplanten Straßenbahntunnel hervorgerufene Komplikationen zu erwähnen. Dieser Tunnel wird unter dem Untergrundbahntunnel hindurchgehen. Während des Baus des Straßenbahntunnels wird daher der Untergrundbahntunnel auf eine Länge von 22 m frei in der Luft schweben und er wird auf diese Länge, auch wenn die Züge in ihm verkehren, freitragend sein müssen. Deshalb hat man hier in den Betonkörper des Tunnels extra schwere eiserne Gitterträger einfügen müssen, welche ihm diese Tragfähigkeit verleihen. Ferner hat man im Zuge der Baugrubenlinien dieses

Abb. 14. Verschiebung eines alten Lindenbaumes am Leipziger Platz.

Straßenbahntunnels, das heißt also etwa in den Fluchtlinien der Bürgersteige der Leipziger Straße, unterhalb des Untergrundbahntunnels bereits schwere Spundwände geschlagen, um gleichzeitig die Baugrubenwände für den Straßenbahntunnel und gute Auflager für den Untergrundbahntunnel zu erhalten.

Der Bahnhof liegt derart, dass die Züge etwa unter der südlichen Umfahrtstraße des Leipziger Platzes halten. Auf dem Rasen der südlichen Platzhälfte befindet sich hier ein großes rundes Oberlicht, durch welches der Bahnhof sowohl Tageslicht wie auch frische Luft erhält. An Eingängen weist der Bahnhof drei auf. Der eine befindet sich an der Stelle des alten Bahnhofs Potsdamer Platz, der andere auf der südlichen Hälfte des Leipziger Platzes neben dem Wrangel-Denkmal und der dritte auf der nördlichen Hälfte neben dem Warenhaus Wertheim. Dabei sind die Schalter unter der Erde derart angeordnet, dass man, auch ohne Fahrgast zu sein, den Tunnel zwischen der Nord- und Südhälfte des

Leipziger Platzes als Durchgang benutzen kann, wenn man es vermeiden will, die Straße selbst zu kreuzen.

Verlassen wir nun den Leipziger Platz und folgen der Bahn unter dem Wertheimgebäude entlang durch die Voßstraße und Mohrenstraße bis zum Spittelmarkt. Auch hier gab es mancherlei Schwierigkeiten. Beispielsweise musste auch hier jede Verkehrsstörung vermieden und zu dem Zweck manche Straße in ihrer Gesamtheit in eine Brücke verwandelt werden. Ferner musste in einer Kurve am Gendarmenmarkt beim Übergang in die Taubenstraße ein Gebäude unterfahren und zu dem Zweck vollkommen abgefangen werden. Diese Schwierigkeiten waren jedoch verhält-

nismäßig gering gegenüber den exorbitant ungünstigen Bauverhältnissen, auf welche die weitere Linienführung am Spittelmarkt und in der Wallstraße stieß. Hier geht der Tunnel ja unmittelbar neben dem Spreebett entlang. Man hatte also zunächst mit dem Grundwasser zu kämpfen und musste eine 8 m tiefe Spundwand in das Spreebett selbst etwa 1 m von der Uferböschung entfernt schlagen und die Zwischenräume zwischen Spundwand und Uferwand in beträchtliche Tiefe hinunter mit wasserdichtem Ton ausfüllen, um sich das Grundwasser und in diesem Fall auch das Spreewasser vom Leibe zu halten. Ferner ist der ganze Baugrund in dieser Gegend ein ziemlich übler Morast. Man musste daher auch Maßregeln treffen, um ein Herunterrutschen der großen Geschäftshäuser in der Wallstraße, wie beispielsweise des Ravenéschen Hauses, zu verhindern und man hat zu dem Zweck eine zweite, extra schwere Spundwand aus I-Eisen von 12 m Tiefe vor diesen Häusern schlagen müssen *(Abb. 15)*.

Nach diesen Vorsichtsmaßregeln musste nun erst die ganze Wallstraße in der bereits geschilderten Weise in eine Holzbrücke verwandelt werden und dann konnte man mit dem eigentlichen Ausschachten der Baugrube beginnen. Diese Arbeit wurde auch nicht gerade durch den Umstand erleichtert, dass man auf zahlreiche eichene Bollwerkbauten aus der Zeit des Großen Kurfürsten stieß *(Abb. 16)*. Schließlich erwies sich der Baugrund als so schlecht, dass an vielen Stellen Pfahlroste geschlagen werden mussten, bevor man mit der Herstellung des eigentlichen Betontunnelkörpers beginnen konnte. Trotz aller dieser Schwierigkeiten ist inzwischen auch der Tunnel in der Niederwallstra-

Abb. 15. Die Untergrundbahnbauten an der Wallstraße.

ße zu gutem Ende gebracht und stellenweise bereits abgedeckt worden.

Alles in allem sind die Arbeiten derartig gefördert worden, dass man eine Eröffnung der Strecke bis zum Spittelmarkt vielleicht schon im Laufe des Jahres 1908 erwarten kann, ein schöner Erfolg für die Tätigkeit und Umsichtigkeit der Bauleitung.

Ich möchte meinen Vortrag nicht schließen, ohne auch an dieser Stelle der Gesellschaft für Hoch- und Untergrundbahnen meinen Dank für die liebenswürdige Bereitwilligkeit auszusprechen, mit welcher sie mich bei der Materialbeschaffung unterstützt hat, und ich werde mich freuen, wenn meine Aus-

Abb. 16. An der Wallstraße aufgedeckte Bollwerksbauten aus der Zeit des Großen Kurfürsten.

führungen Ihnen ein anschauliches Bild von der gewaltigen Summe moderner bautechnischer Arbeit, die hier geleistet wurde, gegeben haben. ❐

Tunnelbauten

Der alte mathematische Grundsatz, dass die gerade Linie der kürzeste Weg ist, hat bereits vor Jahrzehnten seine technische Einkleidung in Form des Tunnels gefunden. Gewaltige Gebirgsstöcke von der Mächtigkeit des St. Gotthard, des Mont Cenis oder gar des Simplon sind von den modernen Tunnelerbauern glatt durchstochen worden. Weder überreiche siedende Quellen, noch brüchiges, alles verschüttendes Gestein, noch auch ein Gebirgsdruck, der selbst massive eiserne Rippen zu knicken drohte, konnten die Menschheit in ihrem Vorhaben aufhalten, und sicher rollen die Eisenbahnzüge heute durch den Leib der Alpen.

Dem harten Felsen ging man mit Bohrmaschinen und Dynamit zu Leibe, und je fester er war, desto besser war es, denn desto fester stand auch das Tunnelrohr. Die neue Zeit brachte indes neue Aufgaben. Nicht mehr durch harten Fels, sondern durch den weichen, schier unergründlichen Schlamm der Flussgründe, durch den Sumpfboden alter Städte musste man Tunnels bohren, um dem städtischen Schnellverkehr der Neuzeit ein passendes Bett zu bereiten. Mit einem Schlag stand die Technik vor ganz neuen Aufgaben und musste neue Lösungen finden. Hatte man früher gewissermaßen mit einem Holzbohrer im harten Holz gebohrt, so sollte man jetzt plötzlich in einem ziemlich nachgiebigen Brei, ja stellenweise in einer fast flüssigen Suppe ein zuverlässiges Tunnelrohr herstellen. Das erste Mittel dazu war der Druckschild. Bereits der vielseitige und geistreiche englische Ingenieur Brunnel hatte den Druckschild um die Mitte des vorigen Jahrhunderts bei der Erbauung des ersten Themsetunnels erfolgreich benutzt, und in verbesserter Form hat er bis in die letzten Monate bei den verschiedensten Tunnelbauten, z. B. bei der Untertunnelung der beiden New York umgebenden Gewässer, des Hudson und des East River, Anwendung gefunden. Das Bohrverfahren mit Hilfe des Druckschildes ist verhältnismäßig einfach. Man stelle sich einen aus schweren Eisenblechen zusammengenieteten Körper dar, der etwa die Gestalt eines riesigen Fingerhutes von etwa 4 – 5 m Durchmesser und 4 – 5 m Länge hat. Das ist der sogenannte Druckschild. Man könnte sich denken, er würde einem Riesen auf den Finger gesteckt, und der bohrte ihn durch den Schlamm und Sand eines Flussbettes hindurch.

Aber erstens haben wir keine Riesen zur Verfügung und müssen daher ein anderes Gewaltmittel, nämlich die hydraulische Presse, anwenden, um den Druckschild durch den Flussgrund zu treiben. Ferner müssen wir damit rechnen, dass der Schlamm und Sand hinter dem Druckschild gleich wieder zusammenstürzen würden, wenn wir das eben erbohrte Tunnelstück nicht sofort mit soliden eisernen Wänden auskleiden, die den Erddruck aufnehmen. Damit sind wir aber der Bohrtechnik mit dem Druckschild schon sehr nahe gekommen. Wir stecken ihn in einer tiefen Baugrube neben dem zu unterfahrenden Fluss in das Erdreich, und zwar so, dass der Riesenfingerhut waagerecht liegt und seine Spitze zum anderen Flussufer hinzeigt. Nun beginnen wir von der Baugrube aus bereits in ihn hinein das eiserne Tunnelrohr zu bauen. Ferner schließen wir die Baugrube nach oben hermetisch ab und lassen Druckluft in sie treten, da uns anderseits das Flusswasser in die Grube dringen und der ganze Tunnel versaufen würde. Nun hat unser Riesenfingerhut wie alle besseren Zauberapparate einen doppelten Boden. Der vorderste Boden hat einzelne kleinere Fenster, die geöffnet werden können, so dass man durch sie hindurch in den kompakten Flussgrund schaut. Der zweite Boden hat eine größere Tür. In diese vorderste Arbeitskammer des Druckschildes, zwischen diese beiden Böden des Fingerhutes, treten nun Arbeiter ein, öffnen die Luken des vorderen Bodens und beginnen den Flussgrund hineinzuschaufeln. Gleichzeitig treten die hydraulischen Pressen zwischen dem bereits festliegenden eisernen Tunnelstück und dem Druckschild in Tätigkeit und wuchten mit vielen Tausend Kilogrammen gegen den Fingerhut. Nun kommt Leben in das Ganze. Während die Arbeiter unermüdlich Flussgrund hineinschaufeln, der fortwährend nach der Baugrube hin abgefahren wird, rückt der Druckschild allmählich im Flussgrund vor. Einen Meter nach dem anderen rückt er vor. Fortwährend wird indes der eiserne Tunnel hinter ihm nachgebaut. Noch bevor das weite offene Ende des Fingerhutes über den vorhandenen Tunnel hinaus und von ihm abgleiten kann, werden neue eiserne Tunnelringe angesetzt, und so folgt das Rohr dem Druckschild getreulich nach, während dieser dem fernen Ziel, der anderen Flussseite, entgegenwandert. Auf diese Weise ist seinerzeit der Spreetunnel bei Berlin gebaut wor-

den, und mit dem Druckschilde wurden East River und Hudson unterfahren. Das Druckschildverfahren gestattet es, auch das schwierigste und der Tunnelbaukunst früherer Jahre unzugängliche Gelände mit Sicherheit zu unterfahren. Wenn einmal das große Projekt des englisch-französischen Kanaltunnels zur Ausführung kommt, so werden dabei Druckschilde höchstwahrscheinlich eine bemerkenswerte Rolle spielen.

Trotzdem hat sich die fortschreitende Technik bei dieser Errungenschaft nicht beruhigt, sondern bereits wiederum ein anderes und recht vorteilhaftes Bauverfahren, die sogenannte Caissongründung, erstellt. Dabei geht man von dem Gedanken aus, den ganzen Tunnel auf der Flussoberfläche fertigzumachen und dann in das Flussbett einzusenken. Der Gedanke ist fürwahr recht kühn, aber er ist durchführbar und an zwei Stellen, nämlich unter der Seine in Paris und unter dem Detroit River zwischen Michigan und Kanada, auch bereits erfolgreich durchgeführt worden. Dabei hat sich gezeigt, dass das Verfahren sogar um etwa 20 % billiger geworden ist als die Druckschildbohrung, und so werden wir auch bereits im nächsten Jahr anlässlich der Untergrundbahnbauten in Berlin eine Untertunnelung der Spree nach dem Caissonverfahren erleben.

Der Arbeitsvorgang selbst stellt sich, wie folgt, dar. Auf einer schrägen Werft am Flussufer werden die einzelnen Tunnelabschnitte, gewaltige Eisenrohre von etwa 5 m Durchmesser und 100 m Länge, hergestellt und an den Enden durch je eine wasserdichte Bohlenwand verschlossen. Solch Rohr ruht auf einer kräftigen hölzernen Bohlenform und trägt eine äußere Umzimmerung, die angibt, wie stark das eiserne Rohr mit Beton umkleidet werden soll. Die fertigen Tunnelabschnitte wurden am Detroit River wie Schiffe vom Stapel gelassen und von Schleppdampfern über den Fluss gezogen. Inzwischen hatte man an der Stelle, die der Tunnel einnehmen sollte, in den Boden des Flusses von Ufer zu Ufer einen breiten und tiefen Kanal gebaggert. Über diesen wurde Tunnelstück um Tunnelstück gefahren und allmählich in die Rinne versenkt, während gleichzeitig Taucher die einzelnen Stücke sicher und wasserdicht verschraubten. Dann wurde um die eisernen Röhren herum in die Zimmerung Beton geschüttet, der in wenigen Wochen granitsteinartig erhärtete. Die gebaggerte Rinne wurde über dem Tunnel mit Geröll und Steinschlag wieder geschlossen, und das Tunnelinnere wurde wasserleer gepumpt, ebenfalls mit Beton ausgefüttert und mit Eisenbahnschienen, Stromzuführungen usw. versehen.

In ähnlicher Weise hat man es in Paris gemacht. Der Tunnel unterfährt hier zwei Seine-Arme und eine dazwischenliegende schlammige Insel. Der Untergrundbahnhof wurde mitten auf dieser Insel fertig montiert und dann nach dem Caissonverfahren tiefer und immer tiefer versenkt, bis er schließlich drei Stockwerke unter der Erdoberfläche lag. Mit derartigen Ausführungen nähern wir uns bereits Konstruktionen, die vorläufig noch sehr fantastisch erscheinen, aber für den französischen Kanal bereits allen Ernstes vorgeschlagen worden sind, nämlich den frei im Wasser liegenden Tunnel. Man hat unter anderem auch ein Projekt ausgearbeitet, demzufolge die Eisenbahntunnels zwischen England und Frankreich einfach frei im Wasser auf dem Meeresgrunde liegen sollen, natürlich auf eingerammten Pfählen genügend fundiert, aber doch selbst außerhalb des Grundes. Eine solche Bauweise würde sicherlich sehr viel billiger werden als ein durch den Grund gebohrter Tunnel. Freilich würde es nicht nach jedermanns Geschmack sein, sich solchem gebrechlichen Eisenrohr anzuvertrauen. Auch könnte ein sinkendes Schiff, das gerade auf den Tunnel fällt, unangenehme Wassereinbrüche bewirken.

Wie sich jedoch die Technik kommender Jahrzehnte und Jahrhunderte dazu stellen wird, lässt sich heute nicht sagen. Vielleicht kommen wir mal in ein Zeitalter, da ein beweglich gegliederter eiserner Tunnel zwischen Europa und Amerika in ähnlicher Weise ausgelegt wird wie heute etwa ein elektrisches Kabel von einem Kabeldampfer, in ein Jahrhundert, in dem die Eisenbahnzüge in solchen eisernen Röhren sicher von England nach New York fahren, während die Ungeheuer der Tiefe sich an den Außenwänden dieser Röhren reiben, ebenso wie sie heute gelegentlich ihre Kräfte an Telegrafenkabeln versuchen. Unmöglich ist diese Entwicklung nicht, wenn man in Betracht zieht, welchen ungeahnten Aufschwung und welche Veränderungen die Tunnelbautechnik bereits während des letzten Menschenalters durchgemacht hat. ❐

Die Beleuchtung der Eisenbahnzüge

DIE WOCHE • 29.5.1909

Wenn wir des Abends im traulich beleuchteten Eisenbahnwagen dahineilen und im hellen Coupé bequem lesen können, so denken die allerwenigsten daran, dass dies früher einmal anders war. Und doch ist die Eisenbahnbeleuchtung keineswegs so alt als die Eisenbahn selbst. Wir bekamen die erste Eisenbahn in Preußen bekanntlich im Jahr 1838 auf der Strecke Berlin-Potsdam. Aber erst im Jahr 1844 erschien ein Erlass des Königs, der an einer Stelle lautet:

»Des Königs Majestät halten es der Sicherheit und des Anstandes wegen für wünschenswert, dass die Eisenbahnwagen während der nächtlichen Züge erleuchtet werden.«

Es dauerte aber noch etwa zwei Jahre, bevor dieser Erlass, zum Teil nicht ohne empfindliche Ordnungsstrafen, endlich allgemein durchgeführt wurde. Beinahe zehn Jahre mussten die Leute, die die Eisenbahn des Nachts benutzten, in einem dunklen Coupé sitzen, wenn sie sich nicht selbst Laternen oder Lichter mitbrachten. Erst im Jahr 1846 war die Kerzenbeleuchtung allgemein eingeführt. Ihr folgte sehr schnell die Rübölbeleuchtung, und wiederum einige Jahre später ging man dazu über, das Rüböl durch Petroleum zu ersetzen.

Einen Wendepunkt brachte das Jahr 1870. Damals unternahm es als erste deutsche Gesellschaft die niederschlesische Bahn, eine Gasbeleuchtung der Züge einzuführen. Rein beleuchtungstechnisch war das ein gewaltiger Fortschritt. Die neue Gasbeleuchtung war ganz bedeutend viel heller, zuverlässiger und reinlicher als alle früheren Anlagen. Dabei hatte die Technik recht erhebliche Schwierigkeiten überwinden müssen, um dies Ziel zu erreichen. Das gewöhnliche Steinkohlengas war dafür nicht zu gebrauchen. Wenn man es in die eisernen Kessel hineinpresste, schlugen sich gerade jene Bestandteile, die die leuchtende Flamme hervorbrachten, nieder und man bekam im Brenner eine Flamme von ungenügender Leuchtkraft. Man musste daher ein ganz besonderes Gas aus fetten Ölen herstellen, das die Kompression anstandslos ertrug. Ferner wurde es notwendig, eine ganze Reihe sinnreicher technischer Apparate zu schaffen, die das Pressgas auf den richtigen Brennerdruck reduzierten und auch sonst eine zweckmäßige Leitung und Regulierung ermöglichten. Alle diese Aufgaben wurden in kurzer Zeit glänzend gelöst, und die Gasbeleuchtung in den Zügen fand schnelle Verbreitung.

Für diese musste das Gas aber komprimiert und unter hohem Druck mitgeführt werden. Solange alles normal verlief, solange das Pressgas nur auf ordnungsmäßigem Weg, in seinem Druck reduziert, zu den Brennern gelangen konnte, war alles in bester Ordnung. Wie aber im Falle einer Katastrophe?

Die Praxis ist auf diese Frage die Antwort nicht schuldig geblieben. Bei fast allen großen Eisenbahnunfällen wurden die Pressgasbehälter demoliert, und das ausströmende Gas fand Gelegenheit, sich zu entzünden, und setzte auch die verunglückten Wagen in Brand. Gar mancher Reisende musste, zwischen Wagentrümmer unbeweglich eingeklemmt, bei vollem Bewusstsein den Verbrennungstod erleiden. Die Sicherheit also hat durch die Gasbeleuchtung entschieden eine Minderung erfahren.

Weitere Jahrzehnte vergingen, und die Elektrotechnik gewann an Macht und Ansehen, gewährte die Mittel einer feuersicheren zuverlässigen Beleuchtung. Das elektrische Licht trat seinen Siegeszug an und eroberte Wohnungen und Werkstätten, Theater und Kaufhäuser, Speicher und Schiffe. Was Wunder, dass die neue Technik ihr Können auch am Eisenbahnproblem versuchte. Freilich war die Aufgabe hier nicht leicht. Wenn das Gas auch gefährlich war, so war es, abgesehen davon, doch ein beinahe ideales Beleuchtungsmittel. Die Anlage eines jeden einzelnen Wagens war unabhängig von anderen Wagen, war unabhängig von Bewegung und Stillstand der Fahrzeuge, konnte zu jeder Zeit in Betrieb genommen oder außer Betrieb gesetzt werden. Demgegenüber hatte die elektrische Zugbeleuchtung zunächst mit ganz anderen Verhältnissen zu arbeiten.

Fest stand zunächst einmal, dass die einzelne elektrische Lampe ebenso elektrischen Strom braucht, wie eine Gaslampe Gas. Weiter stand aber auch ganz und gar nichts fest. Im Gegenteil waren alle Teile sehr beweglich und mussten überdies auch noch nach Belieben getrennt oder verbunden werden können. Im Allgemeinen lagen nun drei Möglichkeiten vor. Man konnte daran denken, die Elektrizität gespeichert ebenso mitzunehmen, wie man bisher das Gas mitnahm. Ein solches Vorgehen musste zu einer reinen Akkumulatorenbeleuchtung führen. Jeder einzelne Wagen bekam die nötigen elektrischen Sammler, die etwa unter die Sitzbänke verstaut wurden, und dann konnte der Betrieb losgehen. Freilich waren die Batterien recht schwer, und ferner mussten sie recht häufig frisch geladen werden. Dies Laden war ein besonders wunder Punkt. Frisches Gas kann man in einen Behälter im Laufe von zwei Minuten einpressen, während eine Neuladung eines Akkumulators 3 – 5 Stunden in Anspruch nimmt. Während dieser Zeit muss der betreffende Wagen also an eine Ladestelle angeschlossen sein. Um das zu vermeiden, beschloss man, die Akkumulatoren auswechselbar zu machen. Die erschöpften Batterien wurden aus den Wagen herausgehoben, frisch geladene hereingeschoben, und ebenso schnell wie eine Gasfüllung war auch auf diese Weise die elektrische Füllung besorgt.

Die zweite Möglichkeit bestand darin, den elektrischen Strom im Zug selbst durch die Drehung und Bewegung von Dynamomaschinen zu erzeugen. Solch Strom war aber natürlich nur so lange vorhanden, solange die Dynamomaschine auch wirklich gedreht wurde. Kuppelte man also einen Dynamo mit der Laufachse eines Wagens, so blieb der Strom aus, sobald der Wagen zum Stillstand kam. Setzte man auf die Lokomotive einen kleinen Dampfdynamo, so war der Zug stromlos, sobald die Lokomotive von ihm abgekuppelt wurde. Unter solchen Umständen war an einen reinen Maschinenbetrieb natürlich nicht zu denken. Alle Verhältnisse wiesen zwingend auf die Anwendung eines gemischten Systems, bei dem Maschinen und Akkumulatoren nebeneinander arbeiteten. Solange genügende Lokomotivarbeit vorhanden war, lieferten die Dynamomaschinen den Lampenstrom. Sobald der Zug zum Stillstand kam oder die Lokomotive abgekuppelt wurde, übernahmen die Batterien die Stromlieferung. Dieses allgemeine Prinzip ist nun von verschiedenen Konstrukteuren durchgebildet worden. Es würde zu weit führen, wollte man an dieser Stelle auf die technischen Einzelheiten eingehen und die großen Schwierigkeiten aufzählen, die überwunden werden mussten. Grundsätzlich wird man ferner wieder Einzelwagenbeleuchtung unterscheiden müssen, bei der jeder einzelne Wagen eine unabhängige Einheit bildet, und Zugbeleuchtung, bei der die gemeinschaftliche Kraftquelle auf der Lokomotive untergebracht ist. Von speziell deutschen Systemen verdient dasjenige der Gesellschaft für elektrische Zugbeleuchtung besondere Erwähnung, das sowohl für Einzelwagen wie für ganze Zugbeleuchtung gebaut wird und ein recht erfreuliches wirtschaftliches Bild gibt. Der Vergleich zeigt bei einer Einzelwagenbeleuchtung nach diesem System bei gleicher Helligkeit und bei einer Brenndauer von täglich vier Stunden gleiche Betriebskosten für Gas und Elektrizität.

Trotzdem ist der äußere Erfolg der elektrischen Beleuchtung noch ziemlich gering. Die Gesamtzahl elektrisch beleuchteter Wagen auf europäischen Dampfeisenbahnen dürfte die Zahl von 15 000 jedenfalls nicht übersteigen. Wenn man den Ursachen einer derartigen langsamen Entwicklung nachgeht, so zeigt sich alsbald, dass sie lediglich wirtschaftlicher Art sind. Die 300 Millionen, die in der Gasbeleuchtung stecken, und zu denen noch diverse Milliönchen für Fettgasanstalten kommen, können eben nicht mit einem Federstrich abgebucht werden, sondern müssen im Interesse des Wirtschaftslebens ordnungsgemäß amortisiert werden. Aber in Rücksicht auf die Gesundheit der Reisenden und aus diversen recht triftigen Gründen der Ethik und Ästhetik ist es zu wünschen, dass diese Abschreibung recht bald erfolgt, dass recht bald auch in den Personenwagen der vierten Klasse die elektrische Lampe brennt und das verhängnisvolle Gas recht bald verschwindet. ❐

Die Sicherheit im Eisenbahnwagen

Die letzten Wochen brachten uns wiederum Überfälle von Reisenden im Eisenbahnwagen. Der Räuber befand sich mit seinem Opfer allein im Abteil zusammen und konnte es überwältigen und ausplündern. Erneut wird bei solchen Vorkommnissen die Forderung nach einer besseren Sicherheit laut. Denn eine unbedingte Sicherung der Passagiere nicht nur gegen die Gefahren des Betriebs, sondern auch gegen Angriffe von dritter Seite gehört ja zu den Haupt- und Grundforderungen, die man an einen vollkommenen Verkehr stellen muss. Längst haben Verbrechernaturen erkannt, dass gerade ein Eisenbahnzug mit seinen Passagieren und mit den oft recht wertvollen Postsendungen ein sehr geeignetes Objekt für die Beraubung sei. Während Postkutschen und Posträuber immer mehr verschwinden, taucht als neue Spezies der Eisenbahnräuber auf.

Grundsätzlich müssen wir hier zwei Typen unterscheiden. Einmal die gut organisierte Räuberbande, die einen ganzen Eisenbahnzug etwa durch Aufreißen der Schienen zum Stehen oder gar zur Entgleisung bringt, die Passagiere mit den Revolvern in Schach hält und die ganze Reisegesellschaft sowie den Postwagen ausplündert. Das andere Mal den einzelnen Verbrecher, der sich

Abb. 1. Ein Abteil 3. Klasse der Berliner Stadtbahn.

Abb. 2. Ein Akkumulatorenwagen der preußischen Staatsbahn.

an ein einzelnes Opfer heranpirscht, es möglichst unauffällig ausraubt und ungesehen zu verschwinden sucht.

Amerika, wie überall so auch hier großzügig, hat uns zahlreiche Beispiele der ersten Gruppe geliefert. In jenen früheren Zeiten namentlich, als die Pazifikbahnen oft Hunderte von Meilen durch die Prärie fuhren, ohne eine Ansiedlung zu berühren, war die Ausraubung ganzer Züge ein recht häufiges Ereignis. In dem Maß jedoch, in dem die Besiedlung des Landes dichter wurde, sank auch für die Räuber die Wahrscheinlichkeit des Entkommens, und in dem gleichen Maß wurden diese Eisenbahnüberfälle immer seltener. Heute gehören sie in den Vereinigten Staaten bereits zu den großen Seltenheiten, und in Europa sind sie, wenn man von gewissen Strecken des Orients absieht, nie recht heimisch gewesen.

Dagegen bringt uns jedes Jahr mehrfache Berichte von Einzelüberfällen, von der Ausraubung und Ermordung einzelner durch einzelne. Während die Gefahr eines großen Eisenbahnüberfalls in dem dicht besiedelten Deutschland heute wohl praktisch gleich null ist, droht nach wie vor das Einzelverbrechen, und es ist nicht uninteressant, die Mittel zu seiner Abwehr zu betrachten. Man hat dabei an allerlei Sicherheitsgriffe, Bremsen, Klingeln usw. gedacht, um dem Reisenden Gelegenheit zu geben, das Zugpersonal zu alarmieren, sobald ihm sein Visavis verdächtig vorkommt. Aber es leuchtet wohl ein, dass solche Mittel einen durchschlagenden Erfolg kaum haben können. Recht häufig vielleicht wird ein übernervöser Reisender diese Apparate in Bewegung setzen, weil ihm die Nase seines Gegenübers nicht gefällt, und sehr wahrscheinlich wird der wirkliche Eisenbahnverbrecher sein Opfer würgen und chloroformieren, bevor es überhaupt an die Alarmapparate herankommt.

Abb. 3. Die 2. Klasse der Berliner Hoch- und Untergrundbahn.

Abb. 4. Blick in einen Motorwagen 2. Klasse der Rheinuferbahn Köln – Bonn.

Ein sicheres Verhütungsmittel solcher Verbrechen muss anderweitig gesucht werden. Obwohl unsere Eisenbahn heute bereits das stattliche Alter von siebzig und mehr Jahren besitzt, zeigt sie immer noch die alten Postkutschenformationen. Die Eisenbahnwagen selbst sind aus betriebs- und fahrtechnischen Gründen schon längst langgestreckte Gebilde geworden. Die Inneneinrichtung weist aber immer noch die sogenannten Coupés oder Abteile auf, die mit ihren sechs oder acht Sitzplätzen der alten Postchaise entsprechen. Es ist auch gar nicht zu leugnen, dass diese Einzelabteile dem urdeutschen Begriff der Gemütlichkeit gut entsprechen, dass der Einzelne oder auch die einzelne Familie, die so ein leeres Coupé für sich erwischt, sich darin äußerst wohl fühlt, weil sie sozusagen ganz für sich ist. Vielleicht gerade, weil das Publikum diese Coupé-Einteilung ganz gern hat, hat sie auch die Bahnverwaltung beibehalten und sich so lange nicht davon trennen können.

Aber die großen modernen Wagenformen bieten ganz andere Möglichkeiten einer inneren Ausgestaltung als der alte

Abb. 5. Inneres eines Wagens 2. Klasse der Kleinbahn Düsseldorf – Krefeld.

Postkutschkasten, und im Interesse der öffentlichen Sicherheit wird man diese Möglichkeiten voll auswerten müssen.

Den ersten schwachen Versuch, mit der Zerlegung des Wagens in Coupés zu brechen, hatten wir bei der preußischen Staatsbahn bei den Stadt- und Ringbahnzügen sowie auf den Vorortzügen, so weit hier der seitliche Durchgang und die dreiviertelhohen Trennungswände zur Anwendung gekommen sind *(Abb. 1)*. Diese Anordnung erlaubt es, die benachbarten Abteile zu inspizieren und auf einen Hilferuf herbeizueilen. Dass bei solchen Wagen trotzdem noch Überfälle möglich sind, hat leider der neuliche unerfreuliche Vorfall auf der Ringbahn erwiesen.

Sehr viel weiter ist man bei der Ausstattung der neuen Akkumulatorenwagen der preußischen Staatsbahnen gegangen. *Abb. 2* veranschaulicht das Innere eines solchen Wagens dritter Klasse. Man sieht hier, wie die alten Trennwände zu einfachen Banklehnen zusammengeschrumpft sind, und wie ferner ein breiter Mittelgang die Durchsicht durch den ganzen Wagen gestattet.

Abb. 6. Blick in einen Motorwagen Wien – Baden.

Ein Überfall in einem derartigen Wagen dürfte praktisch ganz ausgeschlossen sein. Denn selbst wenn sich einmal der Zufall ereignen sollte, dass im ganzen Wagen nur zwei Passagiere vorhanden sind, so bleibt immer noch das Begleitpersonal, das von seinen Räumen aus den Wagen überblicken kann.

Die Entwicklung unseres Verkehrswesens hat aber nun in den letzten Jahren zu zwei ganz besonderen Betriebszweigen geführt, nämlich zum städtischen Schnellverkehr und zwischenstädtischen Verkehr. Alle Millionenstädte der Welt brauchen neben den Straßenbahnen, die gewissermaßen den Verkehr von Block zu Block bedienen, noch Hoch- oder Untergrundbahnen, die den Schnellverkehr zwischen den entferntesten Stadtteilen besorgen. Und naheliegende Industriestädte, wie zum Beispiel Düsseldorf, Krefeld und andere mehr, verlangen neben der Staatsbahn eine intensive Verkehrsbefriedigung durch besondere sogenannte zwischenstädtische Bahnen.

Hier hat unsere elektrische Industrie ein großes und freies Betätigungsfeld gefunden, und hier ist gründlich mit den Wagenformen gebrochen worden.

Unsere beifolgenden Abbildungen zeigen diese neuen Formen, zeigen gleichzeitig auch, dass der gleiche Zug nach einer freieren und übersichtlicheren Gestaltung des Wageninneren sich bei allen Kulturvölkern und in allen Kontinenten ähnlich wiederholt.

Abb. 3 stellt das Innere eines Wagens 2. Klasse der Berliner Hoch- und Untergrundbahn dar. Wir finden Längssitze und einen freien, breiten Mittelraum. *Abb. 4* zeigt das Innere eines Wagens

Abb. 7. Blick in das Innere eines Motorwagens 2. Klasse der Wechselstrombahn Rotterdam – Haag – Scheveningen.

der von den Siemens-Schuckert-Werken erbauten Rheinuferbahn Köln – Bonn. Wir finden eine eigenartige Kombination von Längs- und Quersitzen, die auch diesem Wagen etwas Anheimelndes verleiht, ohne dass doch die volle Übersichtlichkeit irgendwie gestört würde. *Abb. 5* veranschaulicht einen Wagen der elektrischen Überlandbahn Düsseldorf – Krefeld. Es ist nur ein gewöhnlicher 2. Klasse-Wagen mit normalen Preisen. Das Innere macht indes den Eindruck eines Salonwagens und verbindet Komfort und Behaglichkeit mit voller Übersichtlichkeit.

Abb. 8. Inneres eines Motorwagen der Midland Railway.

Die nächsten Abbildungen führen uns ins Ausland. Die Wagen der Strecke Wien – Baden *(Abb. 6)* und Rotterdam – Haag – Scheveningen *(Abb. 7)* zeigen in sehr verschiedener Form, wie man die Übersichtlichkeit erreichen kann, ohne die Gemütlichkeit zu stören. *Abb. 8* stellt das Wageninnere einer englischen Überlandbahn – der ›Midland Railway‹ – dar, während *Abb. 9* in das Wageninnere einer der sogenannten Londoner Tunnel- oder Röhrenbahnen führt. Bemerkenswert sind hier die schrägen Fensterwände, da der ganze Wagen sich in den runden Tunnelquerschnitt einpassen muss. Interessant ist weiter die Teilung der Längsbänke in einzelne Sitzbänke, die jede Streitigkeit und Drängelei im Keim ersticken dürfte.

Die *Abb. 10 u. 11* zeigen uns die innere Wagengestaltung der New Yorker Untergrundbahnen. Auch hier eine komfortable und unbedingt übersichtliche Wagenausgestaltung. Weiter aber noch die Einstellung besonderer Damenwagen, durch die gerade den weiblichen Reisenden die Möglichkeit eines besonderen, ja absoluten Schutzes gegen jede Belästigung überhaupt gegeben wird.

Diese Abbildungen dürften wohl zeigen, dass die Forderung der Sicherheit durch eine zweckmäßige Wagenausgestaltung in vollem Maße erfüllt werden kann, und dass unsere moderne Technik, so weit ihr die Hände nicht gebunden sind, erfolgreich dabei ist, diese gerechte Forderung auch wirklich zu erfüllen. ❐

Abb. 9. Das Innere eines Wagens der Londoner Untergrundbahn.

Abb. 10. Ein Wagen der New Yorker Untergrundbahn.

Abb.11 Damenwagen der New Yorker Untergrundbahn.

Schnellverkehr auf der Straßenbahn

Die Woche • 14.1.1911

Als vor nunmehr dreizehn Jahren das Langerwartete endlich Ereignis wurde, als man mit der Elektrisierung der Großen Berliner Straßenbahn begann, da wurde von dieser Umwandlung vor allen Dingen auch eine nennenswerte Erhöhung der Geschwindigkeit erhofft. Und dann kamen die fünf Umwandlungsjahre. Gemächlich trotteten auf den gleichen Gleisen die neuen elektrischen Wagen und die alten Pferdebahnen dahin. Damals konnte man unmittelbar konstatieren, dass beide Verkehrsmittel das gleiche Tempo hatten, denn wohl oder übel mussten sich ja die neuen Donnerwagen in ihrem Tempo den Pferdebeinen anpassen, die vor ihnen über die gleiche Strecke dahinliefen.

Doch endlich war die Umwandlung vollendet. Der elektrische Verkehr konnte sich frei entwickeln! Und da machte man die betrübliche Erfahrung, dass er im Stadtinneren nicht nennenswert schneller war als der alte Pferdebahnbetrieb. Während die Vorortlinien recht ansehnliche Fahrgeschwindigkeiten von 15 – 18 km/h herauswirtschafteten, blieb der Verkehr in der eigentlichen City nach wie vor ziemlich schleppend.

Immerhin zeigten diese Verhältnisse, dass die Langsamkeit keine üble Eigentümlichkeit des elektrischen Betriebes an sich ist, sondern dass die Ursachen dafür anderswo zu suchen sind. In der Tat besitzt der elektrische Wagen ja zwei überaus wertvolle Eigenschaften. Er kann sehr viel schneller als das Pferdefuhrwerk anfahren, d. h. vom Stillstand wieder auf volle Fahrgeschwindigkeit kommen, und er ist weiter imstande, ein Tempo zu entwickeln, das jedes Pferdefuhrwerk ohne weiteres schlägt. Aber diese zweite gute Eigenschaft wurde der elektrischen Straßenbahn zunächst arg beschnitten.

Durch Polizeivorschrift wurden bestimmte Innenbezirke abgegrenzt, in denen für das elektrische Fahrzeug nur eine Höchstgeschwindigkeit von 12 km/h gestattet war. Was aber dabei herauskommen muss, das liegt ja schließlich klar auf der Hand. Rechnet man auf eine Strecke von 12 km 36 Haltestellen und setzt für jede auch nur einen Zeitverlust von einer Minute ein, berücksichtigt man ferner noch die in einer Großstadt unvermeidlichen Straßenverstopfungen und Verkehrsstauungen mit einem weiteren Verlust von fünf Minuten, so werden also für die Strecke von 12 km rund 100 Minuten gebraucht. Wir erhalten dann eine Geschwindigkeit von etwa 7 km/h, und ein rüstiger Fußgänger hält mit der Elektrischen einigermaßen Schritt.

Inzwischen haben sich nun die Verhältnisse ein wenig gebessert. Die Polizei hat eingesehen, dass der Straßenbahn recht sein muss, was dem Automobil billig ist, dass die vielumstrittene Geschwindigkeit eines mäßig trabenden Pferdes, d. h. 16 km/h, auch der Straßenbahn überall erlaubt werden muss. Dadurch wurde recht viel gewonnen, und da sich das Publikum inzwischen auch ein wenig an den elektrischen Betrieb gewöhnt hatte, so wurde es vor einigen Jahren möglich, die Fahrzeiten der allermeisten Berliner Linien ganz erheblich zu verkürzen und eine Fahrgeschwindigkeit zu erzielen, die doch erheblich größer ist als die der alten Pferdewagen und fast überall 10 km/h überschreitet.

Aber die berechtigten Wünsche sind damit noch keineswegs erfüllt. In gleicher Weise wünscht das Publikum und die Aufsichtsbehörde nicht nur in Berlin, sondern auch in mancher anderen deutschen Großstadt eine weitere Steigerung der Geschwindigkeit. Das Publikum in dem berechtigten Interesse, möglichst schnell an das Reiseziel zu kommen, die Behörden aus verkehrstechnischen Gründen. Denn jede Verkehrsbeschleunigung bedeutet eine Entlastung der Straßenzüge. Nehmen wir beispielsweise an, dass bei den augenblicklichen Zuständen auf der Strecke vom Leipziger Platz zum Spittelmarkt 200 Motorwagen auf den Gleisen stehen, so würde eine Verdoppelung der Fahrgeschwindigkeit den Erfolg haben, dass sich gleichzeitig nur noch die Hälfte der Fahrzeuge auf dieser Strecke befindet. Dass das aber eine wesentliche Entlastung, einen beträchtlichen verkehrstechnischen Fortschritt bedeutet, darüber dürfte Unklarheit kaum herrschen.

So sind sich also alle am Straßenbahnverkehr Interessierten darüber einig, dass eine Erhöhung der Reisegeschwindigkeit recht sehr zu wünschen wäre. Aus solchen Erwägungen heraus hat denn auch neulich die Aufsichtsbehörde in Berlin zwei Mittel in Vorschlag gebracht, die man indes nicht gerade als besonders glücklich gewählt bezeichnen

kann. Es wurde nämlich die Absicht ausgesprochen, diverse Haltestellen zu kassieren und ferner die Plattform während der Fahrt durch Gitter vollkommen zu schließen und dadurch ein Auf- und Abspringen unmöglich zu machen.

Bezüglich der Haltestellen besitzt man in den Vereinigten Staaten eine Einrichtung, die sich sehr wohl auf unsere deutschen Verhältnisse übertragen lässt. Man verzichtet dort überhaupt auf besondere Haltestellenanzeiger. *A priori* kann jede Straßenecke Haltestelle sein, aber sie wird es nur, wenn dort Leute stehen, die dem Wagenführer das Zeichen zum Halten geben, oder wenn Leute aussteigen wollen. Diese Anordnung ist für das Publikum recht bequem, da es nicht erst irgendwelche Pfähle suchen muss. Und es ist auch für den Betrieb nützlich, da alle jene Pfähle, die von vornherein Verkehrsstockungen bedeuten, verschwinden. Der Wagenführer hat bei dieser Anordnung grundsätzlich freie Fahrt über die ganze Strecke. Er braucht nur zu halten, wenn ihm der Schaffner das Zeichen gibt, oder wenn er Leute an einer Straßenecke winken sieht.

Verfehlt wäre es dagegen, die Haltestellen etwa auf 500 m auseinanderzuziehen, und verkehrt wäre auch eine Abschließung der Plattformen. Die erstere Maßnahme würde eine unnötige Verlängerung der Zugangswege, also auch der Zugangzeiten für die Passagiere bedeuten. Die zweite Maßregel würde ganz sicher Zeitverluste im Gefolge haben und stellt weiter eine Unmündigkeitserklärung des Publikums dar, die wirklich nicht recht in das 20. Jahrhundert passt.

Denn wenn nun weiter die Anordnungen besprochen werden sollen, durch die sich wohl eine wesentliche Beschleunigung des Betriebs, gewissermaßen ein Schnellverkehr im Straßenniveau erzielen lässt, so ist als erster, recht wichtiger Faktor sofort das Publikum zu nennen. Ein verkehrstechnisch gut erzogenes Publikum kann außerordentlich zur schnellen Abwicklung des Verkehrs beitragen. Freilich erleben wir es heute noch allzu oft, dass ein Passagier sich auf das Trittbrett pflanzt und eine ellenlange Unterhaltung mit dem Schaffner beginnt, während der das andere Publikum nicht in den Wagen hineinkann. Wir sehen, dass Passagiere im Wagen erst in allerletzter Sekunde dem Schaffner mitteilen, dass sie aussteigen wollen, und ähnliche Ungeschicklichkeiten in schöner Abwechslung. Für einen rationellen Verkehr ist es aber unbedingt notwendig, dass jeder Einzelne im Publikum sich seiner Verantwortung bewusst ist, dass er sich darüber im Klaren ist, dass er Sekunden, die er unnötig versäumt, der Gesamtheit raubt.

Auch der zweite Faktor für die Erreichung eines wirklichen Schnellverkehrs liegt beim Publikum, und zwar bei den Kutschern der übrigen Fuhrwerke. Ihnen muss der Grundsatz eingeprägt werden, dass sie normalerweise auf dem Straßenplanum zwischen den Schienen nichts zu suchen haben und nur im Notfall dorthin ausweichen dürfen. Wenn die Fuhrwerkslenker nach diesem Grundsatz handeln, werden die gefürchteten Kollisionen, wird das ›Overcrowded‹, das jetzt manche Straßen zu wahren Verkehrsfallen macht, wesentlich an Bedeutung verlieren.

An dritter Stelle lässt sich durch Entlastung der Führer der Elektromotorwagen manches erreichen. Dazu gehört an besonders belasteten Punkten die Stellung der Weichen durch auf der Straße stationiertes Personal. Denn man muss die gewünschte Schnelligkeit durch die

Ersparung von Sekunden erreichen, und Sekunden werden gewonnen, wenn der Wagenführer in seine Kurven glatt einfahren kann, ohne erst wieder abzubremsen, den Stellmeißel herzulangen und die Weichen selbst zu stellen.

Schließlich aber ist durch eine geeignete Linienführung der sinn- und planlosen Überfüllung einiger Straßenzüge vorzubeugen. Wir haben heute in der Leipziger Straße einen Verkehr, der nicht mehr gesteigert werden kann, wenn es nicht zur völligen Stockung kommen soll. Und dieser Verkehr ist zum größten Teil ein reiner Durchgangsverkehr. Wenigstens 70 von je 100 Leuten, die durch die Leipziger Straße fahren, haben in dieser Straße gar nichts zu tun und sind nur durch die verkehrte Linienführung gezwungen, sich in diesen Engpass Berliner Verkehrs zu stürzen.

Es wird eine schwierige, aber auch eine lohnende Aufgabe kommender Jahre sein, den verkehrstechnischen Weichselzopf, der sich augenblicklich zwischen dem Potsdamer Platz und dem Spittelmarkt gebildet hat, wieder zu entwirren und die Linien so zu führen, dass ein wirklicher Schnellverkehr möglich wird. Jeder Droschkenkutscher, der einen Fahrgast vom Spittelmarkt zum Potsdamer Platz zu bringen hat, ist heute verständig genug, sofort in eine der seitlichen Parallelstraßen einzulenken. Dies Prinzip werden sich notwendigerweise auch die Straßenbahnen zu eigen machen müssen.

Man sagt wohl, dass der Verkehr sich nicht ablenken lasse. Aber gleich in der Nachbarstadt Potsdam finden wir den praktischen Beweis für das Gegenteil. Dort war die allzu schmale Brandenburger Straße geradezu prädestiniert, ein ähnliches Verkehrshindernis zu werden wie in Berlin die Leipziger Straße. Kurz entschlossen hat man jedoch die neue elektrische Straßenbahn in die sehr viel breitere parallele Charlottenstraße verlegt und dadurch tatsächlich einen Schnellverkehr geschaffen, der im Zug der Brandenburger Straße niemals zu erreichen gewesen wäre.

Wenn wir auf dem Plan von Berlin die Punkte betrachten, an denen der Verkehr besonders gefährlich brandet, Punkte, an denen heute ein Schnellverkehr überhaupt nicht möglich ist, ein schleichender, langsamer Verkehr bereits die Höchstleistung bildet, so zeigt sich, dass diese Punkte ziemlich genau mit alten Stadttoren zusammenfallen. Man braucht nur die Namen: Hallesches Tor, Potsdamer Tor, Brandenburger Tor und Alexanderplatz zu nennen, um den Beweis zu haben. An jene alten Durchgangspunkte der längst gefallenen Stadtmauer schlossen sich die großen Heerstraßen an, aus denen im Lauf der Dinge die Hauptverkehrsadern der Vorstädte und Vororte wurden. Von diesen Punkten aber wird man den Straßenbahnverkehr notgedrungen, und wenn es nicht anders geht, mit sanfter Gewalt ein wenig ablenken müssen. Nicht in einem mächtigen Strang, sondern in vielen feinen Strähnen muss der Verkehr aus der Innenstadt in die Außenviertel geleitet werden. Dann aber darf man auch wohl hoffen, dass ein wirklicher Schnellverkehr möglich wird, dass die Fahrzeiten um 30–40 % zusammenschrumpfen. Wenn auf zweckmäßigem Netz inmitten eines verständnisvollen Publikums der Verkehr sich abspielt, können auch die wertvollen Eigentümlichkeiten des elektrischen Betriebes zur vollen Geltung kommen. ❐

Verkehrsprobleme

Die letzten hundert Jahre sind für Deutschland ganz besonders durch ein Anwachsen der städtischen Bevölkerung gekennzeichnet. Während zur Zeit der Befreiungskriege etwa 20% der Einwohner in Städten lebten, kommen gegenwärtig gut 60% der Gesamtbevölkerung auf die Bewohner geschlossener Ortschaften.

Diese Entwicklung bedingte naturgemäß eine beträchtliche Vergrößerung des normalen städtischen Weichbildes und zeigte eine Fülle neuer technischer Probleme. Wir können von den Millionenstädten, wie Berlin und Hamburg, absehen, können sogar alle Großstädte auslassen und nur Mittelstädte in Betracht ziehen, und doch tritt uns eine der wichtigsten kommunaltechnischen Fragen, das Problem des innenstädtischen Verkehrs, allenthalben mit Sicherheit entgegen.

Solange eine Stadt nur eine Kreisfläche von rund einem Kilometer Durchmesser bedeckt, pflegt die Verkehrsfrage nicht brennend zu sein. Es genügen Schusters Rappen als Betriebsmittel vollauf, denn man erreicht auf ihnen in 10 Minuten von einem Ende der Stadt her das entgegengesetzte, kommt in 5 Minuten vom Mittelpunkt der Stadt bis zu jedem Punkt der Grenze. Aber diese Größenverhältnisse treffen nur für Ortschaften von etwa 15 000 Einwohnern zu. Sobald die Einwohnerzahl auch nur die 50 000 erreicht, müssen wir auf die Durchquerung der Stadt etwa eine halbe Stunde rechnen, bei 100 000 Einwohnern wird man vom Mittelpunkt der Stadt aus etwa

20 Minuten zu gehen haben, um zu den Grenzen der Vorstädte zu gelangen. Das ist wenig, wenn wir uns erinnern, dass die Durchquerung Groß-Berlins etwa von Britz bis Tegel oder von Lichterfelde bis Friedrichsfelde einen recht strammen Tagesmarsch bedeutet. Aber es wird viel, wenn man in Erwägung zieht, dass auch nur 10 000 von den 100 000 Einwohnern der Stadt gezwungen sein mögen, diesen Weg viermal am Tag zurückzulegen.

Denn das ergibt für den Einzelnen am Tag 80 verlorene Minuten. Nehmen wir das Jahr zu 300 Arbeitstagen, so bekommen wir für den Einzelnen 24 000 Minuten oder 400 Stunden, und wenn wir den Arbeitstag zu 10 Stunden rechnen, 40 Arbeitstage im Jahr, die nicht für nutzbringende Arbeit verwendet, sondern verlaufen werden. Und wenn das 10 000 Einwohnern passiert, so kommen wir auf 400 000 Arbeitstage. Nehmen wir weiter den Wert des Arbeitstages mit 5 Mark an, so ergibt sich in einer solchen an der Grenze von Mittel- und Großstadt stehenden Ortschaft die jährliche recht erkleckliche Summe von 2 000 000 Mark, die aus Mangel an besseren Verkehrsbedingungen verloren geht, die als ein *Lucrum cessans* in der volkswirtschaftlichen Bilanz auftritt.

Die vorstehende Rechnung zeigt die wirtschaftliche Berechtigung und Notwendigkeit ausreichender städtischer Verkehrsmittel.

Treten wir nun der Frage näher, mit welchen technischen Mitteln der städtische Verkehr in solchen Orten geringeren Umfangs zu befriedigen ist, so fällt die Antwort heute nicht schwer. Pferdebahnen, Dampfbahnen und Kabelbahnen haben heute ihre Rolle ausgespielt. Es kommt einzig und allein die elektrische Straßenbahn mit oberirdischer Stromzuführung in Betracht. So leicht aber die erste Frage beantwortet ist, so kompliziert wird der Fall, sobald man an die Ausarbeitung des Spezialprojektes eines Verkehrsplans geht.

Ganz allgemein wird man von einer absolut vollkommenen Verkehrseinrichtung verlangen, dass sie jeden beliebigen Bewohner der Stadt möglichst direkt von seinem Haus ohne unnötigen Aufenthalt bis zu jedem beliebigen anderen Punkt des Weichbilds befördert. Doch das Vollkommene ist auf dieser unvollkommenen Welt nicht zu erreichen. In der Praxis muss man zufrieden sein, wenn nur die Zugangswege des Einzelnen von der Wohnung zur Bahn nach Möglichkeit klein gehalten werden, und wenn ferner beliebige Punkte so schnell und direkt wie nur irgend angängig erreicht werden.

Natürlich existiert in jeder Stadt auch bereits vor der Errichtung von Straßenbahnen ein bestimmter Verkehr, und die Bahn wird am günstigsten arbeiten, wenn sie ihren Betrieb diesem bereits vorhandenen Verkehr anschmiegt. Gewöhnlich finden daher vor der Erbauung eines Straßenbahnnetzes ausführliche Zählungen statt. An allen in Betracht kommenden Straßenecken werden an mehreren Tagen Leute postiert, die jeden vorbeikommenden Fußgänger, weiter aber auch jedes öffentliche Fuhrwerk sorgfältig aufnotieren und so Zahlen gewinnen, die der Verkehrsdichte an der betreffenden Stelle entsprechen. Und trägt man nun dies Zahlenmaterial in den Stadtplan ein, stellt man es beispielsweise bildlich dar, indem man in den einzelnen Straßenzügen Schichten aufbaut, die etwa auf 100 Fußgänger einen Millimeter Dicke erhalten, so bekommt man ein überaus anschauliches Bild des einstweilen vorhandenen Verkehrs. Mit nicht zu verkennender Deutlichkeit heben sich sofort die Straßenzüge hervor, die gewissermaßen das Gerippe des Verkehrs bilden und unbedingt eine Straßenbahn haben müssen. Leicht und zwanglos ergibt sich nach solch einem Modell das Streckenbild der künftig nötigen Straßenbahnanlage. Dabei geben nun die bereits vorhandenen Straßenbahnen wertvolles Zahlenmaterial. Wenn heute die Frage aufgeworfen wird, wie viel Kilometer Streckenlänge man für 10 000 Einwohner einer Stadt benötigt, so gibt die Zahl 1,5 km sowohl für Großstädte wie auch für Mittelstädte einen stets zutreffenden Wert. Man wird im Einzelfall von dieser Zahl ein wenig nach oben oder nach unten abgehen können, aber im Großen und Ganzen trifft sie stets zu. So hat beispielsweise Berlin mit seinen 30 Vororten auf 10 000 Einwohner 1,32 km, Hamburg 1,88 km, München 1,37 km, Breslau 1,22 km, Köln 1,84 km, Elberfeld 1,42 km. Stuttgart 1,51 km, Chemnitz 1,49 km und Magdeburg 1,51 km. Diese wenigen Beispiele zeigen wohl zur Genüge, dass es sich hier um eine Zahl handelt, die mit einer großen Regelmäßigkeit an den verschiedenen Plätzen auftritt, deren geringen Varianten hauptsächlich durch die natürlichen Verschiedenheiten der Städtebilder bedingt werden, die sonst aber eine gewisse Gesetzmäßigkeit beanspruchen darf.

Und ähnlich steht es mit jenen Zahlen, die die Leistungen jener Streckenlänge im Jahr angibt. Fragen wir nämlich, wie viel Personenfahrten in den deutschen Städten aufs Jahr auf 10 000 Einwohner geleistet wurden, so ergibt sich wiederum eine Zahl, die mit einer gewissen Konstanz in den verschiedensten Städten wiederkehrt und mit rund anderthalb Millionen Fahrgästen angenommen werden kann. Sie betrug in Berlin und Hamburg 1,7, in München 1,5, in Dresden 1,8, in Breslau 1,3, in Hannover 1,5, in Düsseldorf 1,7, in Stuttgart 1,2, in Bremen 1,3 Millionen Fahrgäste.

Diese Zahlen, nämlich die Streckenlängen und Personenfahrten für 10 000 Einwohner, werden bereits seit einer Reihe von Jahren von der Verkehrsstatistik aufgestellt. Sie sind für die einzelne Stadt nicht ganz abhängig von der Zeit. Vielmehr zeigt sich eine Tendenz der Zunahme, derart, dass die Kilometerzahl für 10 000 Einwohner langsam steigt, und dass die Zahl der Passagierfahrten in noch stärkerem Maß zunimmt. Die gegebenen Zahlen stellen indes einen guten Mittelwert für die durchschnittlichen deutschen Verhältnisse dar. Sie können insbesondere bei der Projektierung und beim Ausbau neuer Netze wertvolle Anhaltspunkte geben.

Aber mit dem Bau des Netzes ist noch nicht alles gewonnen. Das vorhandene Netz gewährt immer noch sehr zahlreiche Variationen des Betriebs, und das schönste Schienennetz nutzt wenig, wenn es falsch betrieben wird.

Nicht mit Unrecht hat man den Verkehr oder das Verkehrsbedürfnis mit einem Körper verglichen, und den Betrieb mit einem Gewand, das sich diesem Körper anpassen muss. Es kann vorkommen, dass das Kleid dem Körper zu weit ist. Das trifft bei jenen Strecken zu, auf denen die Wagen meistenteils leer fahren, und ist für die Betriebsgesellschaft

natürlich nicht vorteilhaft. Aber noch unangenehmer für das Publikum sind die Stellen, an denen das Gewand zu eng ist, an denen es drückt und kneift. Das sind jene unliebsamen Punkte, an denen der Schaffner stets das böse Wort ›Besetzt‹ ausspricht.

Der Betrieb hat verschiedene Möglichkeiten, sich dem Verkehrsbedürfnis anzupassen. Wohl das bedeutsamste Mittel dazu ist der Umsteigeverkehr, der es dem Fahrgast gestattet, während der Fahrt den Wagen zu wechseln, sich aus den verschiedenen, von der Straßenbahngesellschaft betriebenen Linien gewissermaßen stückweise seinen eigenen Weg zusammenzustellen. Theoretisch kann es der Straßenbahngesellschaft natürlich sehr gleichgültig sein, ob der Fahrgast seine Reise in dem gleichen oder in verschiedenen Wagen ausführt. Anderseits bietet dieser Transferverkehr die Möglichkeit, auf verhältnismäßig wenigen Linien sehr viele Fahrwege zu suchen. Bieten doch bereits drei Linien, die durch Umsteigeverkehr verbunden sind, die Verkehrsmöglichkeiten von neun voneinander getrennten Linien.

Das Heimatland des Umsteigeverkehrs ist wohl Amerika. In den Städten der Union entwickelte sich dieser Transferbetrieb zunächst aus technischen Gründen. Man wollte und konnte vielfach nicht die verbindenden Kurven zwischen den gradlinigen Strecken anlegen und ließ an diesen Stellen daher einfach das Publikum von einem in den anderen Wagen überwandern. Aber das Publikum empfand nicht nur die Unbequemlichkeiten, es spürte auch bald die Vorteile dieses Verkehrs, und heute hat der weitgetriebene Umsteigeverkehr dort eine Ausdehnung angenommen, die vielfach die Wirtschaftlichkeit der Bahngesellschaften bedroht.

In Deutschland ist dieser Verkehr dagegen in den normalen Grenzen in den allermeisten Mittelstädten eingeführt. Wir finden ihn, um nur ein paar Beispiele herauszugreifen, in Potsdam, Braunschweig, Dresden, Leipzig, Köln und anderen Orten mehr. Dabei hat freilich die Straßenbahngesellschaft das berechtigte Interesse, sich gegen Übervorteilung seitens unreeller Fahrgäste durch eine hinreichende Kontrolle zu schützen. In einfachster Weise geschieht dies durch sogenannte Netzkarten, Straßenbahnbilletts, die auf der Rückseite das Bild des Straßenbahnnetzes zeigen. Der Schaffner knipst in diesen Fahrschein die befahrene Strecke einfach hinein, und so lässt sich der Weg des Fahrgastes genau kontrollieren. Solche Karten sind beispielsweise in Düsseldorf, Bochum, Wiesbaden und Dortmund in Gebrauch.

In seiner vollkommenen Durchführung vermag dieser Umsteigeverkehr tatsächlich die Droschke zu ersetzen. Der Fahrgast braucht lediglich den ersten, in der Richtung seines Weges fahrenden Wagen zu besteigen und dem Schaffner sein Ziel zu nennen. Der gibt ihm das Billett, nennt ihm den ersten Umsteigepunkt und die nächste Linie, und dann vollzieht sich die Fahrt automatisch bis zum Ende.

Schließlich aber dürfen wir unter den Mitteln, die dem modernen städtischen Verkehr dienen, eine besondere Neukonstruktion, die sogenannte gleislose Bahn oder den Oberleitungsomnibus, nicht vergessen. In dem Maß, in dem das alte herz- und stiefelzerreißende Pflaster der Städte immer besser wurde, konnte man mehr und mehr auf die besondere eiserne Schiene verzichten, konnte man Fahrzeuge konstruieren, die Stromzuleitung und Rückführung von Oberleitungen aus bewirkten und frei auf dem Straßenplanum fuhren. Die ersten Fahrzeuge dieser Art waren noch unrentabel, weil die Bereifung nach etwa 20 000 km erneuert werden musste. Die neusten Wagen haben auf gutem Asphalt mit ein und derselben Bereifung die zehnfache Strecke zurückgelegt. Durch diese Oberleitungsomnibusse aber ist nun ein neues Verkehrsmittel geschaffen worden, das überall dort aushilft, wo die Straßenbahn nicht am Platz ist, ein Verkehrsmittel, das sich besonders für die engen Straßen alter Stadtteile ganz vorzüglich eignet. Durch diese Oberleitungsomnibusse wurde die Reihe der städtischen Verkehrsmittel vollständig, die vom kleinsten und leichtesten Fahrzeug bis zum schweren Hochbahnzug führt.

Umsteigeverkehr

DIE WOCHE • 4.9.1915

Das alte verkehrstechnische und viel umstrittene Problem des Umsteigeverkehrs hat gegenwärtig durch die beabsichtigten Tarifänderungen der Großen Berliner Straßenbahn wieder besondere Aktualität erlangt, und es verlohnt sich wohl, sich einmal näher damit zu befassen. Eine vollständige und objektive Würdigung der Vorzüge und Schattenseiten des Umsteigeverkehrs wird in gleicher Weise psychologische und technische Umstände und Verhältnisse in die Rechnung stellen müssen. Vom Psychologischen zunächst einmal die Tatsache, dass die Bequemlichkeit eine tiefeingewurzelte menschliche Eigenschaft ist, dass der Fahrgast im Durchschnitt keinen Wert darauf legt, seinen Platz zu verlassen und den Wagen zu wechseln, wenn es nicht unbedingt notwendig ist.

Diese Erfahrung konnte man schon seit vielen Jahren auf unseren Vollbahnen machen, auf denen sich die sogenannten durchgehenden Wagen seit jeher großer Beliebtheit erfreuen. Es mag als Beispiel nur der berühmte Wagen Berlin – Meran genannt werden, der in Bozen vom Zug nach Rom abgekoppelt und an den Meraner Lokalzug gehängt wird. Man sollte meinen, dass jemand, der von Berlin bis Bozen bereits 24 Stunden im Zug gesessen hat, ganz gern einmal umsteigen möchte, aber nach den Erfahrungen der Praxis ist das Gegenteil der Fall.

Auch bei kleineren Fahrten ist das große Publikum im Allgemeinen kein Freund des Umsteigens, sondern Zieht direkte Wagen vor. Als Beispiel dafür können die mannigfachen Hoch- und Untergrundbahnbetriebe der verschiedenen europäischen Großstädte dienen. Aus betriebstechnischen Gründen sind diese lokalen Schnellbahnen vielfach darauf angewiesen, einen ausgiebigen Umsteigeverkehr einzuführen. Als klassisches Beispiel sei hier das alte Gleisdreieck der Berliner Hoch- und Untergrundbahn genannt. Seine Einrichtung war darauf angelegt, dass drei voneinander unabhängige Linien, nämlich Leipziger Platz – West, Leipziger Platz – Ost und West – Ost verkehren konnten. Die Praxis hat bekanntlich die Bedenklichkeit dieser alten Anlage erwiesen und zur Umwandlung des Dreieckes in einen einfachen Knotenpunkt geführt, der nun einen Umsteigeverkehr für alle diejenigen notwendig macht, die vom Westen oder vom Leipziger Platz nach dem Osten wollen. Dieser Umsteigeverkehr bedeutet für die Gesellschaft eine Vereinfachung und Sicherung des Betriebes. Für das Publikum bringt er die Notwendigkeit des Umsteigens mit sich, und was über dies Umsteigen hier und weiterhin am Nollendorfplatz und Wittenbergplatz in Berlin geschimpft wird, das geht nicht auf die bekannte Kuhhaut. Trotzdem sind die lokalen Schnellbahnen infolge der Gestalt ihrer Netze gezwungen, den Umsteigeverkehr zu pflegen, und namentlich in Paris ist er in sehr starkem Maß eingeführt, so dass dort eine längere Fahrt ohne zwei- oder dreimaliges Umsteigen kaum denkbar ist.

Wesentlich anders pflegen dagegen die Verhältnisse auf den Straßenbahnen zu liegen. Um sie voll zu verstehen, müssen wir uns mit den Begriffen ›Strecke‹ und ›Linie‹ vertraut machen. Die Strecke ist das, was auf der Straße in Stahl und Kupfer eingebaut ist, also Schienen, Oberleitung und so weiter. Diese Strecken bilden bei großen Straßenbahnanlagen ein ziemlich engmaschiges Netz, dessen Gestalt durch den Bauplan der Stadt bedingt wird. Die Linie dagegen ist ein betriebs- oder verkehrstechnischer Begriff. Der Betrieb auf dem Streckennetz muss in einzelnen Linien erfolgen, die der Verkehrstechniker nach den Anforderungen des Verkehrs festlegt, der Betriebstechniker nach dieser Festlegung betreibt. Der Verkehr geht vom Publikum aus, und nicht zu Unrecht hat man das Gleichnis geprägt, dass der Verkehr gewissermaßen ein Körper sei, welchem die Straßenbahngesellschaft durch ihren Betrieb ein passendes Gewand liefern muss. Ein gut passendes Gewand! Das Kleid kann zu weit sein, d.h., es können auf einer Linie unnötig viele Wagen laufen oder Linien ohne genügenden Verkehr betrieben werden. Den Schaden davon hat die Gesellschaft. Aber auch umgekehrt kann das Kleid an manchen Stellen zu eng sein, kann kneifen. Das sind diejenigen Stellen, an denen die Wagen stets überfüllt sind und schwer oder gar nicht Platz zu bekommen ist. Hier haben Publikum und Gesellschaft beide den Schaden. Die Kunst des Verkehrstechnikers besteht darin, den Betrieb so auszubauen, dass er den Anforderungen des Verkehrs gut gerecht wird, dass das Kleid an allen Stellen gut passt.

Zu den Mitteln, die für eine gute Betriebsleitung in Frage kommen, gehört nun auch zweifellos der Umsteigever-

kehr. Wie weit er geboten ist, das hängt nicht zum mindesten von der Gestalt des Stadtplans bzw. des Streckennetzes ab. Bei solchen Plänen und Netzen können wir nun zwei prinzipielle Fälle unterscheiden. die Radialanlage und die Karreeanlage. Bei der Radialanlage gehen die Straßen vom Mittelpunkte der Stadt radial nach allen Seiten aus und sind durch mehrere Reihen von Ringstraßen verbunden. Solche Anlage findet sich besonders gern dort, wo frühere Festungsumwallungen abgebrochen wurden und nun Raum für eine Ringstraße boten. Köln am Rhein und Wien mögen als Beispiele dafür genannt sein. Den Gegensatz dazu bildet die Karreeanlage, bei welcher das Weichbild von einem System einander paralleler Straßen und einem zweiten, dazu rechtwinkligen System durchzogen wird. Die Friedrichstadt in Berlin, Mannheim, New York und viele andere amerikanische Städte sind Beispiele dafür.

Wo nun das Netz sich auf Radial- und Ringstraßen verteilt, da wird ein Umsteigeverkehr fast immer am Platz sein. Man wird in den Ringstraßen Ringlinien laufenlassen, in den Radialstraßen einzelne Linien im Pendelverkehr betreiben und einen Übergangsverkehr zwischen diesen Linien in der Weise etablieren, dass der Fahrgast von jeder Radiallinie auf die Ringe übergehen kann, bzw. umgekehrt. Nach diesem Schema ist beispielsweise in Wien verfahren. Es gibt hier den einfachen Umsteigeverkehr für eine Radiallinie und einen Teil der Ringlinie, für welchen der Fahrschein am Wochentage 14 Heller, nach elf Uhr nachts und an Sonntagen dagegen 20 Heller kostet. Mit diesem einmaligen Umsteigen müsste man so nahe, wie es überhaupt möglich ist, ans Ziel gelangen können, wenn die Stadt wirklich mathematisch genau nach dem Peripherieradialsystem gebaut wäre. Da sie aber naturgemäß mancherlei Unregelmäßigkeiten zeigt, so kann auch weiteres Umsteigen geboten sein. Deshalb werden in Wien auch noch Fahrscheine für mehrfaches Umsteigen ausgegeben und kosten 20 Heller. Damit aber kommen wir vom Technischen wieder ins Psychologische. Leider huldigt ein Teil der Menschheit der Ansicht, dass einer Verkehrsgesellschaft gegenüber die Gesetze der Ehrlichkeit nur bedingt gelten. Es würde daher mit solchen Umsteigefahrkarten ohne hinreichende Kontrolle mancher Schwindel getrieben werden. Eine Kontrolle bei mehrfachem Umsteigen aber ist außergewöhnlich schwer. Im zweiten und dritten Wagen hört so ziemlich jede Prüfung nach Fahrscheinnummern auf. Inwieweit die Fahrscheine widerrechtlich übertragen werden, lässt sich natürlich gar nicht feststellen, da ja beim Straßenbahnbetrieb die wohltätige Kontrolle der Bahnsteigsperre fehlt. Man muss sich daher darauf beschränken, den möglicherweise vorkommenden Missbrauch wenigstens zeitlich einzuschränken. So werden die mehrfachen Wiener Umsteigescheine mit Datum und Stunde geknipst und behalten ihre Gültigkeit nur 60 Minuten.

Auch bei Städten, die an sich zum großen Teil nach dem Karreesystem gebaut sind, kann die Streckenanlage, die sich ja häufig nur einen kleinen Teil aller vorhandenen Straßen aussucht, so erfolgen, dass mehrere an einem Punkte verknüpfte und strahlenförmig auseinanderlaufende Strecken entstehen. Hier wird der Betrieb ebenfalls den Umsteigeverkehr benötigen. Einen geradezu klassischen Fall dafür bietet Potsdam. Die vier großen Hauptlinien nach Sans-

souci, dem Neuen Garten, der Glienicker Brücke und Nowawes treffen sich alle am Wilhelmplatz, und hier etabliert sich ein reger Umsteigeverkehr, für welchen der Preis nach dem auch sonst für die Potsdamer Straßenbahn geltenden System der Teilstrecken bemessen wird. Die Gesellschaft betrachtet also diejenige Linie, welche sich der Fahrgast durch sein Umsteigen zurechtmacht, gewissermaßen als eine zusammenhängende Betriebslinie. Ist ihre Länge zwischen dem Betreten des ersten und dem Verlassen des zweiten Wagens nicht länger als die Grundstrecke, so beträgt der Preis zehn Pfennig. Sonst fünfzehn, zwanzig usw. je nach der Länge.

Was nun das Umsteigen selbst angeht, so ist es für den Ortsunkundigen nicht immer einfach. In Wien verlässt man sich schon am besten aufs Fragen. In kleineren Städten mit einfacheren Netzen, beispielsweise in Braunschweig und Dortmund, hat man das Streckennetz auf die Rückseite des Fahrscheins gedruckt und die Bezeichnungen der Umsteigestellen daneben, so dass der Fahrgast sich einigermaßen ein Bild machen kann.

Betrachten wir endlich Städte nach dem reinen Karreesystem, so ergibt die Lösung, ein System von Pendellinien in der einen Straßengruppe und ein zweites in der dazu rechtwinkligen zu betreiben und einen einmaligen Umsteigeverkehr von Linien der einen Gruppe auf Linien der zweiten zuzulassen. Das ist beispielsweise in mehreren amerikanischen Städten geschehen. In der Praxis aber werden die Städte nur selten mathematisch genau nach solchem Schema gebaut sein. Namentlich in Deutschland finden sich recht unregelmäßige Stadtbaupläne, und dementsprechend tritt die Frage auf, wie der Betrieb hier dem

Verkehr am besten gerecht werden kann. In den meisten Fällen ist dies in der Tat durch die Errichtung eines Umsteigeverkehrs geschehen. Dabei aber hat man die Preise stets so bemessen, dass sie eine angemessene Bezahlung für die verkehrstechnische Leistung der Gesellschaft bedeuten. Berlin mit seinem Groschentarif für Strecken bis zu 22 km steht so ziemlich als Einzelerscheinung in der ganzen Welt da. In München beispielsweise ist der Umsteigeverkehr auf den auch in Potsdam gültigen Teilstreckentarif aufgebaut, d. h., auch die mit Umsteigen ausgeführte Reise kostet 10 Pfennig, solange sie die Grundstrecke in ihrer Länge nicht übersteigt. Darüber hinaus stufen sich die Preise bis zu 35 Pfennig ab.

Eines verhältnismäßig billigen Tarifes erfreut sich Leipzig, nur erfahren die Verhältnisse hier dadurch eine gewisse Kompliziertheit, dass der Verkehr von zwei voneinander vollkommen unabhängigen Bahngesellschaften besorgt wird, zwischen denen es natürlich auch kein Umsteigen gibt. Dafür erhält man für jede dieser beiden Gesellschaften Umsteigekarten mit ziemlicher Linienlänge zum Preise von 10 Pfennig. Für die Außenstrecken hingegen stuft sich der Preis bis zu 35 Pfennig ab. Einen gut entwickelten Umsteigeverkehr besitzt auch Hannover. Hier wird aber für die Berechtigung zum Umsteigen grundsätzlich ein Zuschlag von 5 Pfennig erhoben, so also, dass das Umsteigebillett unter allen Umständen 15 Pfennig kostet, während einfache kurze Fahrten für zehn Pfennig zu haben sind. Die Außenlinien reichen recht weit und kommen auf der Strecke Hannover–Haimar bis auf 29,5 km, womit die berühmte Berliner Linie Wittenau–Buckow (23,6 km) noch erheblich übertroffen wird.

Selbstverständlich denkt aber in Hannover niemand daran, solche Riesenstrecken nach dem Groschentarif zu betreiben. Die Preise stufen sich vielmehr nach der Streckenlänge ab und erreichen für die zuletzt genannte Linie nach Haimar den originellen Betrag von 59 Pfennig. Die Summe ist so gegeben, weil bei 60 Pfennig die Fahrkartensteuer beginnt. Die bisher gegebenen Beispiele von Umsteigebetrieben zeigen jedenfalls, dass Umsteigeverkehr und Groschentarif zwei verschiedene Dinge sind, die nicht gewaltsam verquickt werden können. Solange die Linie, die sich der Fahrgast beim Umsteigen zusammenbaut, innerhalb einer angemessenen Grundstrecke liegt, ist natürlich auch beim Umsteigeverkehr der Groschentarif am Platz. Wenn hier einzelne der angeführten Städte unter allen Umständen einen Aufschlag erheben, erscheint dies nicht gerechtfertigt und kaum im Wesen des Umsteigeverkehrs begründet. Auf der anderen Seite aber ist eine Tarifierung bei längeren Strecken nicht unbillig.

Wenden wir uns schließlich nach Berlin, der Stadt des Groschentarifs, so finden wir auf den Strecken der Berlin–Charlottenburger Straßenbahn bereits einen ganz hübsch entwickelten Umsteigeverkehr mit zwölf Umsteigepunkten. Die Kontrolle wird hier durch Einknipsen von Datum und Stunde in den Fahrschein bewirkt, und für die Grundstrecken kostet auch die Umsteigekarte nur 10 Pfennig. In Berlin selbst hat sich dank der sehr zahlreichen rund hundert Linien das Bedürfnis nach einem Umsteigeverkehr bisher nicht sehr fühlbar gemacht. Im Allgemeinen gilt hier die Erfahrung, dass man so ziemlich von jedem Punkte des Netzes zu jedem anderen mit durchgehendem Wagen gelangen kann. Trotzdem ist der Umsteigeverkehr auch hier anlässlich der geplanten Tarifänderung Gegenstand eingehender Untersuchung gewesen. Theoretisch bieten sich bei hundert Linien, wenn man von jeder auf jede andere eine Übergangsmöglichkeit annimmt, zehntausend Umsteigemöglichkeiten im Ganzen. Die Vorschläge der Berliner Gesellschaft enthalten aber nur 62 Umsteigelinien und bringen für diese mit Längen von 7–8 km den 15-Pfennig-Tarif in Vorschlag.

Erst die Zukunft wird über diese Pläne und Vorschläge entscheiden. Im Allgemeinen kann gesagt werden, dass die Einführung des Umsteigeverkehrs in jedem Falle eine wertvolle Aushilfe bedeutet. Sie ermöglicht es der Betriebsgesellschaft, die Errichtung neuer und zunächst wahrscheinlich noch unwirtschaftlicher Linien hinauszuschieben, und gibt den Betriebsplänen eine Beweglichkeit und Schmiegsamkeit, die im Interesse einer glatten Abwicklung des Betriebes jedenfalls willkommen ist. In der Hauptsache wird man die Einführung des Umsteigeverkehrs daher stets mit Freuden begrüßen müssen. ❏

Transatlantischer Zukunftsverkehr

Die Woche • 26.8.1916

Vor einigen Monaten vernahmen wir das Gutachten des englischen Marineattaché in New York, dass ein Handels-U-Boot unmöglich, dass es Bluff und Humbug sei. Wenige Wochen danach lief die ›Deutschland‹ in den Hafen von Baltimore ein, und in Stahl und Bronze hatte der englische Sachverständige den Gegenbeweis für seine Behauptung. Den Beweis wenigstens, dass Handels-U-Boote technisch recht gut möglich sind. Über ihre interessanten wirtschaftlichen Aussichten wird weiterhin zu reden sein.

Wiederum wenige Wochen später verbreitete eine dänische Nachrichtenagentur die Mitteilung, dass demnächst ein ganz neuer riesenhafter Zeppelin die Luftreise über den Atlantik antreten werde. Diese Nachricht ist bisher weder bestätigt noch widerlegt worden, und es verlohnt sich wohl, auch sie ein wenig näher zu betrachten. Auf den ersten Blick mag sie ja noch kühner und unwahrscheinlicher aussehen als der Handels-U-Bootverkehr nach Amerika. Aber tatsächlich sind die technischen und wirtschaftlichen Verhältnisse eines transatlantischen Luftverkehrs bereits im Frieden sehr genau untersucht worden, und das Ergebnis dieser Untersuchungen ist gar kein so ungünstiges. Während der transatlantische U-Boot-Verkehr zweifellos nur durch den Krieg lebensfähig wurde und vielleicht nach Friedensschluss verschwinden oder doch zum mindesten technisch verändert werden dürfte, ist der transatlantische Luftverkehr bereits unter Friedensverhältnissen Gegenstand wirtschaftlicher Berechnungen gewesen. Die Gründe liegen im Wesen der Schifffahrt. Für alle Schiffe, sowohl Wasser- wie Luftschiffe gilt der Satz, dass ihr Kraftverbrauch etwa mit der dritten Potenz der Geschwindigkeit wächst. Das heißt also, um ein Schiff mit doppelter Geschwindigkeit vorwärtszutreiben, braucht man die achtfache, um es mit dreifacher Geschwindigkeit zu bewegen, die siebenundzwanzigfache Maschinenleistung. Praktisch gesprochen, während die Geschwindigkeiten nur noch geringe Zunahmen zeigen, müssen die Pferdestärken und dementsprechend die Maschinen und die Kohlenvorräte ins Ungeheuerliche wachsen.

So kommt eine Grenze, an welcher die Seeschifffahrt unrentabel wird. Diese Grenze aber war bereits vor etwa 10 Jahren erkannt und erreicht worden. Die großen deutschen Luxusdampfer mit 23 Knoten und 40 000 PS waren gerade noch rentabel. Die beiden englischen Monsterschiffe Mauretania und Lusitania mit 26 Knoten und 70 000 PS brauchten dagegen bereits seitens der englischen Regierung einen Jahreszuschuss von 2 Millionen Mark. Sie waren auch nur erbaut worden, um den Deutschen das blaue Band des Ozeans zu entreißen, und Deutschland hat seinerzeit darauf verzichtet, sich weiter auf diesen Kampf einzulassen, sobald er auf unwirtschaftlichen Sport hinausläuft. Diese Grenze liegt also beim Übergang vom Fünftageschiff zum Viertageschiff, denn die deutschen Schiffe brauchten von England nach New York fünf Tage und einige Stunden, während die genannten englischen Dampfer es bei günstigen Flutverhältnissen in vier Tagen und einigen zwanzig Stunden schaffen konnten.

Im Gegensatz zum Wasserschiff hat das Luftschiff eine sehr viel höhere technische und wirtschaftliche Geschwindigkeitsgrenze. Man kann bei den modernen Zeppelinschiffen auf etwa 600–800 PS eine Geschwindigkeit von etwa 80–90 km/h rechnen. Auf Knoten umgerechnet ergibt dies 50 bis 65 Knoten, also reichlich das Doppelte der Geschwindigkeit unserer atlantischen Schnellschiffe. Schon mit einer Geschwindigkeit von 50 Knoten lässt sich aber ein recht erfreulicher transatlantischer Schnellverkehr aufbauen. Nehmen wir in Rücksicht auf die Kriegsverhältnisse den einen Luftschiffhafen in Deutschland, den anderen landeinwärts von New York an, so ergibt sich eine Wegstrecke von rund 3200 Meilen. Bei einer Geschwindigkeit von 50 Knoten würde also ein Luftschiff, wenn wir einmal von jedem Winde absehen, 64 Stunden oder 2 Tage und 16 Stunden gebrauchen. Das Luftschiff in der bereits vor dem Krieg vorliegenden Form ist also an und für sich ohne weiteres fähig, uns über den Sprung vom Sechstageschiff zum Zweitageschiff zu helfen.

Freilich gibt es nun bei der weiteren Betrachtung des Problems ein wenig Rechnerei. Der Motor braucht Brennstoff, und diesen müssen wir für die Pferdekraftstunde mit 250 g ansetzen. Fahren wir also mit 800 PS, so brauchen wir in der Stunde 200 kg Benzol, und da wir 64 Stunden unterwegs sind, so müssen wir 12 800 kg Benzol, oder mit Schmieröl und ›Unvorhergesehenem‹ gerechnet, gut 15 t Brennstoff mit auf die Reise nehmen. Das ist, wie man sozusagen pflegt, ein schwerer Schlag ins Kontor. Es bedeutet, dass für die eigentliche Nutzlast nicht allzu viel übrigbleibt.

Es bedeutet weiter, dass nur sehr große Schiffe von wenigstens 30 000 m³ bis 40 000 m³ Inhalt für solche Fahrten in Betracht kommen, und dass irgendein Frachtverkehr durch die Luft wirtschaftlich in absehbarer Zeit nicht möglich ist. Auch hier gibt die Rechnung Anhaltspunkte. Sowohl das Luftschiff wie das Wasserschiff schwimmen beide nach dem archimedischen Gesetz. Das heißt, ihre Tragkraft ist gleich dem Gewicht der von ihnen verdrängten Luft- bzw. Wassermenge. Nun ist aber die Luft rund 1000-mal leichter als das Wasser. Ein Wasserschiff gewinnt für jedes verdrängte Kubikmeter Wasser 1000 kg oder eine Tonne Tragkraft, ein Luftschiff dagegen nur ein Kilogramm. Ein Luftschiff muss 1000 m³ wasserstoffgaserfüllten Raumes für jede Tonne Auftrieb haben. Um 15 t Brennstoff schleppen zu können, braucht unser Luftschiff allein 15 000 m³ Gasraum. Was dies bedeutet, wird klar, wenn man sich erinnert, dass die Zeppeline des Jahres 1909 überhaupt im ganzen nur 12 000 m³ Gasraum besaßen. Nur mit den größten und neuesten Typen wird also die Amerikafahrt erst diskutabel.

Der Gasraum, das tragende Element des Luftschiffs, soll ja noch allerlei anderes schleppen. Erstens einmal das ganze Gerüst mit der Hülle, welches diverse Tonnen wiegt. Zweitens die Motoren. Rechnen wir die PS im Motor sehr billig mit 4 kg, so machen 800 PS auch schon wieder 3 t aus. Es bleiben also auch bei einem sehr großen Luftschiff nur wenige Tonnen für Nutzlast übrig. Aber diese wenigen Tonnen bedeuten viel, sobald man sich auf hochwertige Lasten beschränkt. Im Frieden stellte man sich unter solchen kostbaren Lasten in erster Linie amerikanische Milliardäre und sonstige Zeitgenossen vor, denen es auf jede Stunde Reisezeit ankommt, und die bereit und fähig sind, einen Gewinn von 3 bis 4 Reisetagen entsprechend zu bezahlen. Im Krieg wird die Persönlichkeit als Luftschiffladung in den Hintergrund treten. Das Wichtigere und Wertvollere werden hier Schriftstücke, allerlei Handelsdokumente sein, auf welche unsere Feinde so sehr erpicht sind. Die Hauptsache würde im Krieg zweifellos der moralische Effekt sein. Es ist für die englischen Kreuzer schon ein unangenehmer Gedanke, dass vielleicht 20 m unter ihnen ein Handels-U-Boot allerlei wichtige Dinge mit einer bescheidenen Geschwindigkeit durch den Atlantik trägt. Doppelt peinlich würde für sie die Lage werden, wenn etwa zur gleichen Zeit in größerer Höhe ein Atlantik-Luftschiff denselben Weg mit dreifacher Geschwindigkeit nach Westen steuert.

Freilich, das U-Boot ist unsichtbar und daher nicht anzugreifen. Der Zeppelin ist in der Luft und theoretisch sichtbar. Ob praktisch, das bleibt die Frage. Denn die 15 t, die das Schiff an Brennstoffen mitnimmt, werden ja allmählich verbrannt, und dementsprechend bekommt das Luftschiff von Stunde zu Stunde immer mehr Auftrieb, findet sein Gleichgewicht in immer größeren Höhen. Eine kleine Schießerei in der Nähe der amerikanischen Küste dürfte daher von Seiten der Luftschiffbesatzung als harmloses Intermezzo aufgefasst werden, und für die Durchfahrung der europäischen Gefahrenzone kann man eine zwölfstündi-

ge Nacht zu Hilfe nehmen, welche das Schiff immerhin über 600 Meilen oder 11 000 km hinwegbringt. Nach solcher Fahrt findet schon die Morgendämmerung das Schiff um 2,5 t geleichtert in großer Höhe, und die Sonnenwärme tut ein übriges.

Man könnte bei unserer Berechnung noch einwenden, dass widrige Winde nicht berücksichtigt wurden. Die Antwort ist sehr einfach. Bei widrigen Winden dreht man um. Dann sind es plötzlich günstige Winde, und man kommt mit großer Geschwindigkeit wieder nach Hause und wartet eine bessere Gelegenheit ab. Im Frieden aber bekommt die Rechnung wieder ein anderes Gesicht, denn dann kann man unterwegs Stützpunkte anlaufen, etwa Inseln, aber auch einfach Dampfschiffe, die Brennstoffvorrat an Bord haben, und das Bild wird dann nicht nur technisch, sondern auch wirtschaftlich wesentlich günstiger.

Bei der Preisbemessung für Friedensverhältnisse muss man sich jedoch erinnern, dass die Luxuskabinen zwischen New York und Hamburg schon vor dem Krieg mit 4000 bis 5000 Mark bezahlt wurden. Rechnet man auch nur mit einem Preise von 5000 Mark für die Luftkabinen Deutschland – New York und mit 30 Passagieren, so ergibt sich bereits eine Einnahme von 150 000 Mark für eine Reisezeit von rund 3 Tagen, ein Satz, mit welchem man immerhin wirtschaftlich rechnen kann. Im Krieg treten natürlich alle derartigen Betrachtungen in den Hintergrund und die technische Möglichkeit sowie die moralische Wirkung sind ausschlaggebend.

Es bliebe noch ein weniges über die Handels-U-Boote zu sagen. Sobald eine Ware an sich schwerer ist als Seewasser – was beispielsweise für Nickel und Gummi zutrifft – ist es zunächst ganz gleichgültig, ob sie unter See oder über See verschifft werden. Es ist dann außer dem von der Ware selbst eingenommenen Raum unter allen Umständen noch ein gewisser lufterfüllter Schiffsraum notwendig, um nach dem bereits erwähnten archimedischen Gesetz Auftrieb und Gewicht ins Gleichgewicht zu bringen. Nur bei sehr leichten Waren ist die Verfrachtung in Überwasserschiffen auch rein theoretisch betrachtet vorteilhafter als die Unterwasserverfrachtung. Die Praxis bringt natürlich noch weitere Faktoren in die Rechnung. Zunächst den Wasserdruck. Ein Schiff, welches 30 m wegtauchen soll, muss 3 Atmosphären Druck aushalten. Drei Atmosphären bedeuten aber auf ein Quadratmeter 30 000 kg oder 30 t. Auf eine Schiffswand von etwa 100 m Länge und 10 m Höhe kommen dabei 30 000 t zusammen, ein Druck, der beispielsweise dem Gewicht von 300 schwersten Lokomotiven entspricht. Naturgemäß müssen Schiffsgerippe und Schiffshaut genügend kräftig gemacht werden, um solchem Druck widerstehen zu können, und dies bedeutet Baugewicht und Baugeld. Auch die doppelte Maschinenanlage für Über- und Unterwasserfahrt fällt ins Gewicht und in den Geldbeutel. Aber auf der anderen Seite gilt auch für die Unterseeboote der allgemeine und erfreuliche schiffbautechnische Satz, dass die schlechten Eigenschaften einer Konstruktion mit dem Quadrat ihrer Länge, die guten Eigenschaften dagegen mit der dritten Potenz wachsen. Verdoppeln wir die Größe einer Type, so vervierfachen sich die schlechten Eigenschaften, aber die guten Eigenschaften verneunfachen sich. Verdreifachen wir den Bau, so bekommen wir die neunfachen schlechten, aber die siebenundzwanzigfachen guten Eigenschaften. Es steht also zu hoffen, dass der atlantische Handels-U-Bootverkehr noch eine recht erfreuliche Entwicklung vor sich hat, und dass er bei immer größeren und noch besser entwickelten Typen sogar ganz wirtschaftlich werden wird.

Im Krieg ist diese Wirtschaftlichkeit ohne weiteres gesichert. Die Amerikaner bezahlen heute für ein Pfund Methylviolett, für welches sie vor dem Krieg 15 Cent gaben, 5 Dollar. Ähnliche Verhältnisse herrschen auf dem ganzen amerikanischen Chemikalienmarkt, und für die Dauer des Krieges brauchen die deutschen Handels-U-Boote um hoch lohnende Frachten nicht verlegen zu sein. Was nach dem Krieg aus ihnen wird, bleibt eine zweite Frage. Darüber aber brauchen wir uns heute noch nicht den Kopf zu zerbrechen, denn schlimmstenfalls könnten sie dann immer noch von der Kriegsmarine für den Auslandsdienst übernommen werden. ❐

Kanäle über Berg und Stadt

Eine Verkehrsphantasie

DIE WOCHE • 8.4.1922

Bei Innsbruck verließ der Schleppzug den Inn und bog in den Brennerkanal ein. Die kräftige Treidellokomotive zog die drei gewaltigen Frachtschiffe in das Hafenbecken, welches den Übergang zwischen dem Inn und dem Kanal vermittelt, dem Kanal, von dem keine Spur zu erblicken war. Nur eine riesenhafte eiserne Wand bildete den Abschluss des Hafenbeckens nach der Richtung hin, in welcher der Kanal liegen musste. Und ein stählernes, tunnelartiges Bauwerk zog sich dahinter die steile Felswand in der Richtung nach Süden empor.

Doch es blieb nicht viel Zeit zum Überlegen. Während die Frachtschiffe die transportablen elektrischen Scheinwerfer von der Kanalverwaltung leihweise an Bord nahmen, öffnete sich bereits ein breites Tor in der eisernen Wand, und während die Scheinwerfer im Licht der Mittagssonne schüchtern die ersten Strahlen spielen ließen, holte die Lokomotive die einzelnen Schiffe bereits durch das Tor in einen weiten, dunklen Raum. Schon lief sie leer zurück, und die Tore schlossen sich, während das Wasser unter den Schiffsböden dumpf zu brausen und zu brodeln begann. Jetzt konnten die Scheinwerfer voll zur Geltung kommen. Schräg vorwärts und aufwärtsgerichtet leuchteten ihre Strahlenbündel in eine riesenhafte Tunnelröhre und verloren sich in unerkennbare und unabsehbare Fernen. Stärker rauschte das Wasser und begann über die mit roter Farbe an der Tunnelwand markierten Höhenmarken zu stei-

gen. 600 m, 700 m, 800 m und schließlich 1000 m. Jetzt standen die Schiffe schon 500 m über Innsbruck, und ganz fern von vorn leuchtete es wie ein heller Stern in den Tunnel. Und dann kam volles Tageslicht. Zwischen Stafflach und Gries mündete der Steigetunnel wieder in ein Hafenbecken.

In kühner Eisenkonstruktion klebte das ganze Becken an der Bergwand, und als eiserne Rinne zog der Kanal von ihm aus über den Brennerpass nach Sterzing hin. Eine andere Treidellokomotive fasste die Schiffe, verband sie zum Schleppzug und führte sie über Kanalbrücken von schwindelnder Höhe immer weiter nach Süden.

Es war kalt in diesen Höhen und im Vorfrühling hoher Schnee bedeckte die Bergwände. Vereist tobte die Etsch 200 m unter einer der Brücken, auf denen der Kanal gerade jetzt wieder einmal das Etschtal übersetzte. Aber das Kanalwasser zeigte keine Spur von Eisbildung Klar, leicht grünlich blau stand es vollkommen durchsichtig in der weiß auszementierten eisernen Kanalrinne. Durch den Zusatz einer geringen Menge eines bestimmten Salzes war es gelungen, den Gefrierpunkt bis auf 10° unter null hinabzudrücken, und nur bei ungewöhnlich starkem Frost brauchte die Dampfbeheizung der Kanalrinne in Tätigkeit gesetzt zu werden. Wie Frühling im Winter mutete das offene helle Fahrwasser in der weiten Schneewüste an.

Nun begann der Abstieg nach Süden. Drei Tunnel derselben Art, von denen ein einziger den Aufstieg von Innsbruck her ermöglicht hatte. Kanalrinnen dazwischen und dann bei Riva die Einfahrt in den Gardasee. Bei Peschiera der Austritt durch eine letzte kurze Tunnelröhre in den Anschlusshafen an das Kanalsystem der Po-Ebene.

Eine Kanalschifffahrt über die Alpen. Ein Vorgang, der heute vielleicht gerade denen unfassbar erscheint, die gesehen haben, wie die Züge der Brennerbahn sich unter der Wucht zweier schwerer Lokomotiven den Berg hinaufarbeiten müssen. Und doch physikalisch das denkbar Einfachste. Es war nur nötig, eine Wassermasse vom doppelten Gewicht des Schleppzugs von der Brennerhöhe bis nach Innsbruck fallenzulassen, um den Schleppzug in der Tunnelröhre bis zum Brenner zu heben, und mit dem gleichen Wasseraufwand vollzog sich der Abstieg nach Italien. Einfache physikalische Gesetze, weitsichtig und genial angewandt, hatten das Meisterwerk des Brennerkanals geschaffen, durch den das deutsche und das italienische Kanalnetz in direkte Verbindung gekommen sind.

In dieselbe Zeit fällt auch die Verlegung des ersten Unterseetunnels zwischen Deutschland und Schweden. Man sprach bei dieser Gelegenheit viel von der alten umständlichen und unmenschlich teuren Anlage des englischen Kanaltunnels, der wirklich noch durch den Fels unter dem Meere gebohrt worden war. Die Technik hatte diese Dinge in einer verblüffend einfachen Weise längst überholt. Genau genommen war man dabei eigentlich von den biegsamen Metallschläuchen ausgegangen, die schon in der Technik des 20. Jahrhunderts eine große Rolle spielten. Es war ja nur nötig, einen solchen Schlauch mit einem Durchmesser von 5 m zu nehmen und wie ein Kabel in der See auszulegen, und man hatte den Seetunnel ohne alle teuren Tunnelbohrungen. Das Auslegen eines Schlauches mit einem äußeren Durchmesser von 6 m erforderte ganz andere Hilfsmittel, als das Verlegen eines harmlosen Telegrafenkabels von Handgelenkstärke. Die zuverlässige Fixierung des: Tunnelschlauches auf dem Seegrunde und seine Auszementierung nötigten zur Entwicklung einer Spezialtechnik. Die Verlegung des ganzen Tunnelschlauchs von Rügen bis Trälleborg in einer Länge von 75 km war im. Laufe von 14 Tagen ohne alle Schwierigkeiten vonstattengegangen, und man hoffte, die Fixierung und Auskleidung der Tunnelröhre noch im Laufe des Sommers zu vollenden und am 1. Oktober den Bahnverkehr aufnehmen zu können.   ❐

New York – Berlin in 60 Stunden

DIE WOCHE • 30.9.1922

Der Versailler Friedensvertrag macht für absehbare Zeit den Bau zeitgemäßer Luftschiffe in Deutschland unmöglich. Während in anderen Ländern und namentlich in den Vereinigten Staaten auf dem Gebiete des Luftschiffbaus emsig weitergearbeitet wurde, stand die deutsche Technik infolge des Friedensvertrags vor der Entscheidung, entweder die eigenen wertvollen Erfahrungen, die in mühevoller Arbeit und unter großen Opfern gewonnen waren, ungenutzt veralten und verkommen zu lassen oder aber im Ausland neue Stützpunkte zu suchen. Im ersteren Fall mussten die amerikanischen Techniker alle diese deutschen Erfahrungen unter einem sehr erheblichen Aufwand von Zeit, von Mitteln und sicher auch von kostbaren Menschenleben noch einmal sammeln. Im anderen Fall bot sich die Möglichkeit, mit den amerikanischen Technikern und Kapitalisten ein Abkommen zu treffen, welches diesen die wertvollen deutschen Erfahrungen zugänglich machte, der deutschen Technik aber die Möglichkeit bot, in den Vereinigten Staaten und unter dem Schutz des Sternenbanners an der Weiterentwicklung der Luftschifffahrt rüstig mitzuarbeiten und die führende Stellung auf diesem Gebiete zu bewahren. Sowohl die Amerikaner als auch der deutsche Schütte-Lanz-Konzern haben diesen letzteren Weg für den vorteilhafteren erachtet, und so sind bei dem diesjährigen Besuch des Geheimrats Schütte in

Das Innere des Schiffes: Laufgang, der durch den ganzen Schiffskörper führt und in dem Wasserballastsäcke und Benzintanks aufgehängt sind (älteres Modell).

Die Führergondel (Kommandobrücke) im vorderen Teil des Schiffes (älteres Modell).

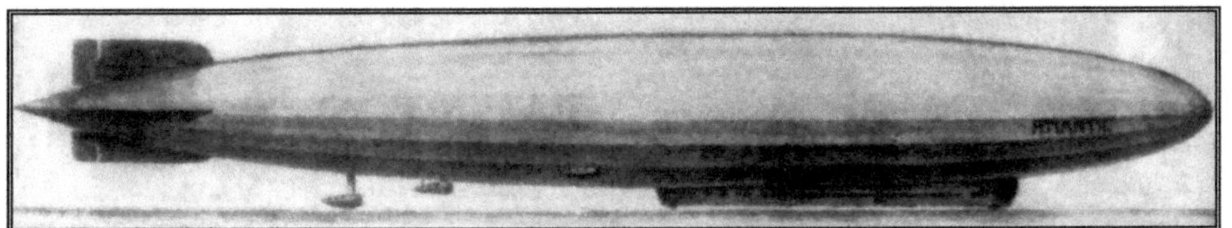

den Vereinigten Staaten die Vereinbarungen und Gesellschaftsgründungen zustande gekommen, die nun in Kürze die Errichtung

Das projektierte Großluftschiff für den Passagierverkehr zwischen Deutschland und Amerika.
← Heck- und Bugansicht.

eines großzügigen Luftschiffverkehrs in den Vereinigten Staaten zur Folge haben werden.

Als erste Linie ist die Strecke New York – Chicago in Aussicht genommen. Sie soll mit großen Schiffen der Bauart Schütte-Lanz von 110 000 – 150 000 m³ Inhalt betrieben werden Nur Schiffe von mindestens dieser Größe, die eine Länge von etwa 275 – 300 m und eine Bauhöhe von etwa 40 m besitzen, gestatten einen wirtschaftlichen und für die Passagiere angenehmen Verkehr, wie ihn kleinere Luftschiffe naturgemäß niemals bieten können. Für die ausreichende Wirtschaftlichkeit des geplanten Betriebs bei mäßigen Fahrpreisen geben die Rentabilitätsberechnungen des deutschen Konzerns eine zuverlässige Unterlage. Was die Annehmlichkeiten des Aufenthalts an Bord für die Passagiere anbelangt, so sind derartig große Schiffe so stabil und ruhig in der Fahrt, dass die Seekrankheit, die auf Wasserschiffen den Passagieren oft genug so übel mitspielt, den Passagieren hier mit Sicherheit fernbleiben wird. So weit die Annehmlichkeit dagegen in allerlei Bequemlichkeiten und komfortablen Einrichtungen zum Ausdruck kommt, geben unsere Bilder eine Vorstellung davon. Die Passagiere werden an Bord dieser großen und schnellen Schiffe nicht nur geräumige

und elegant ausgestattete Wohn- und Schlafkabinen haben, sondern weiter auch Gesellschafts- und Restaurationsräume, Rauchsalon, Promenadendecks, Bäder, Musikzimmer, kurz: allen jenen Komfort und Luxus, den auch die großen Seeschiffe ihren Passagieren zu bieten pflegen. Dass die Schiffe nebenbei vollkommene Sicherheit bieten, braucht wohl kaum betont zu werden.

Das Gehirn des Schiffes: Inneres der Führergondel mit Steuereinrichtung, Maschinentelegraf, Navigationsinstrumenten und Kommandoapparat.

Neben der Passagierbeförderung ist ein wichtiges Moment für die Wirtschaftlichkeit die Postbeförderung, die von Handel und Industrie wegen ihrer großen Vorteile sicher stark in Anspruch genommen werden wird.

Die Schnelligkeit der geplanten Schiffe wird bei gewöhnlicher Fahrt 100 km/h, bei forcierter Fahrt 140 km/h betragen. Sie werden also im Überlandverkehr immer noch den schnellsten Zügen überlegen sein, im Überseeverkehr die Dampfschiffe weit hinter sich lassen. Die vorliegenden Projekte sehen zunächst einen Überlandverkehr vor, der sehr schnell über die erste Anlage hinaus weiter nach Westen wachsen und San Francisco erreichen dürfte. Der Betrieb dieser großen Überlandlinie wird naturgemäß die Anlage von Hallen und Betriebswerkstätten geeigneter Ausmaße an der atlantischen und pazifischen Küste und wahrscheinlich auch an wenigstens zwei Stellen der Strecke im Binnenland notwendig machen. Für

die eigentlichen Landungspunkte, die man gewissermaßen als Luftbahnhöfe ansprechen kann, wird nach Angabe von Schütte-Lanz möglicherweise eine ganz neue Form inmitten der Großstädte selbst gefunden werden.

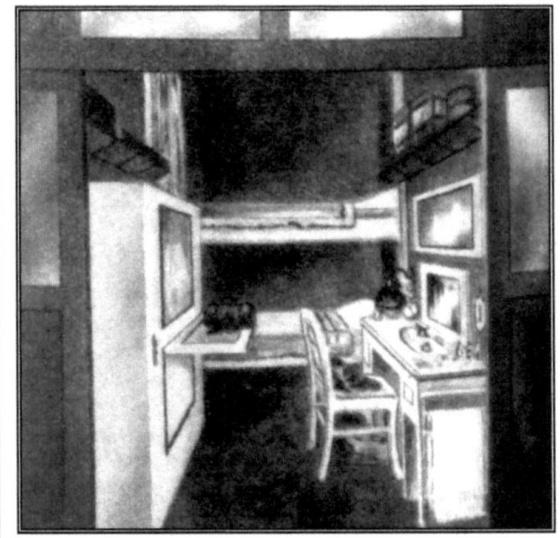

Inneres einer Wohn- und Schlafkabine.

Sind alle diese Anlagen einmal vorhanden, und haben sich die neuen Schiffe auf der großen Überlandlinie eingefahren und bewährt, so ist es ein leichtes, den Verkehr nach beiden Seiten hin über die See auszudehnen. Nach Osten hin käme zunächst die Linie New York – Berlin (evtl. auch Bremen) in Betracht, eine Strecke von 6000 km, welche die Schiffe in höchstens 60 Stunden zurückle-

Aussichtsraum für die Fahrgäste im unteren Stock der Vordergondel.

gen können. Nach Westen hin würde der Verkehr z. B. über Hawaii nach den Philippinen gehen können. Die Amerikaner bekommen auf diese Weise in der Zusammenarbeit mit Schütte-Lanz als erstes Land der Welt einen großzügigen

Längsschnitt durch einen Teil der Wohneinrichtungen im Promenadengang.

Luftschiffverkehr und eine vorzügliche Luftschiffflotte. Weiter aber werden diese ersten Überland- und Überseelinien gewissermaßen die Keimzellen eines künftigen Weltluftverkehrs werden. Auf den Philippinen könnten sich Linien nach Australien, Indien und Afrika anschließen; eine Schnellverbindung zwischen Amerika und Ostasien kann geschaffen werden; in Europa werden Linien nach Asien und Afrika entstehen (man denke z. B. nur an die Fahrt quer durch Sibirien nach Ostasien), und in sehr absehbarer Zeit wird der Ring um den Erdball geschlossen und damit einer der kühnsten Menschenträume erfüllt sein. Schon heute darf man an Hand der vorliegenden und in der Verwirklichung

Promenadengang vor den Kabinen.

begriffenen Projekte behaupten, dass das 20. Jahrhundert des Jahrhundert des Luftverkehrs werden wird, so wie das 19. Jahrhundert dasjenige des Eisenbahnverkehrs gewesen ist. ❑

Segeln ohne Segel

Die älteste, uns überkommene Abbildung eines Segelschiffes stammt aus dem Jahr 3000 v. Chr. Sie findet sich auf einer Wandmalerei und zeigt fast genau die gleichen Segelformen und Segelwölbungen, die heute noch allgemein gebräuchlich sind und sich auch in der Tat als die besten und wirksamsten erwiesen haben. Rund fünftausend Jahre ist diese Art der Beseglung für die Zwecke der Schifffahrt beibehalten worden. Die Änderung kam erst auf dem Weg über die Luftschifffahrt, als man genötigt war, die Luftstromverhältnisse, Wirbel- und Sogbildungen, Widerstände usw. systematisch und gründlich zu erforschen.

Abb. 1. Dreiteiliges Flettnerruder.

Die nachstehend behandelten Flettnerschen Erfindungen und Konstruktionen nahmen ihren Ausgang während des Krieges vom Großflugzeug-Bau. Die Betätigung der bis dahin üblichen Steuerflächen oder Ruder beanspruchte bei den Großflugzeugen derartige Kräfte, dass man auf eine Entlastung des Piloten sinnen musste. Diesem Bestreben verdankte die sogenannte Flettner-Flosse ihre Entstehung. Das Prinzip dieser Flosse besteht darin, dass die eigentliche große Steuerfläche vollkommen frei drehbar am Flugzeugkörper befestigt ist und an ihrem freien Rand eine sehr viel kleinere Steuerfläche trägt, die nun erst ihrerseits mit sehr viel geringerer Kraft gesteuert wird und dadurch die große Steuerfläche in einem bestimmten Winkel zur Strömung und nicht, wie bei den früheren Rudern, zum Schiffskörper einstellt. Dieses neuartige Ruder bewährte sich in der Luftschifffahrt gut und kam bei den meisten Großflugzeugen zur Anwendung.

Nach dem Friedensvertrag hörte die deutsche Aviatik auf, und Flettner übertrug sein Ruder auf die Wasser-Schifffahrt. Auch hier bewährte es sich derart, dass es heute immer mehr Anwendung findet. Unsere *Abb. 1* zeigt ein dreiteiliges Flettner-Ruder an einem großen Schraubendampfer.

Der Erfinder ging nun einen Schritt weiter und versuchte, das Prinzip der Flettner-Flosse für eine selbsttätige Einstellung von Schiffssegeln in den Windstrom nutzbar zu machen. Dabei lag der Leitgedanke zugrunde, bei Segelschiffen genau den gleichen Weg zu gehen, wie bei Flugzeugen, d.h. die Stoffflächen durch Metallflächen zu ersetzen.

Diese Versuche glückten zwar auch, aber unter Zuhilfenahme des sogenannten Magnus-Effekts kam der Erfinder alsbald einen großen Schritt weiter. Das Wesen des Magnus-Effekts veranschaulicht die schematische Darstellung *Abb. 2.* Dreht man in einem Luftstrom einen Zylinder, wie der Pfeil andeutet, so werden die Luftstromlinien, wie in der Figur dargestellt, auf der einen Seite des Zylinders stark zusammengedrängt, auf der anderen bleiben sie fast unverändert, es gibt also auf der einen Seite einen starken Sog. Dieser Effekt, den der Physiker Magnus zuerst bei rotierenden Geschossen beobachtete und untersuchte, wird nun bei dem hier im Bild vorgeführten Rotor-Schiff für die Erzielung von Segelwirkungen ausgenutzt.

An Stelle der sonst üblichen Takelage trägt das Rotor-Schiff zwei einfache runde Stahlblechzylinder, die durch

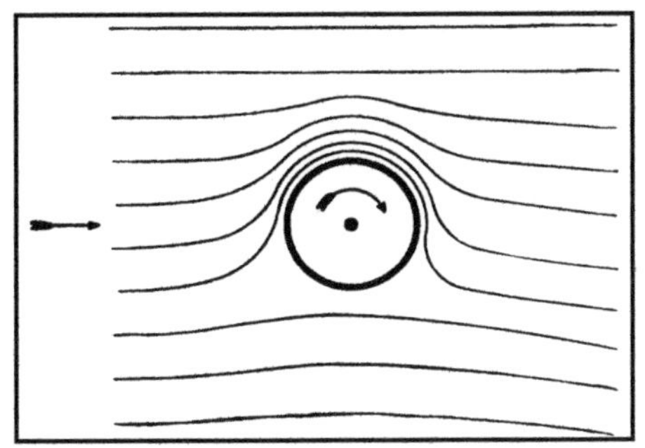

Abb. 2. Schematische Darstellung des Magnus-Effektes.

Elektromotoren um ihre Achse gedreht werden.

Der praktische Effekt dieser verblüffend einfachen Einrichtung besteht darin, dass das Rotorboot, ein Sechshundert-Tonnen-Schiff, bei einem Kraftaufwande von 20 PS für die drehenden Elektromotoren bei gutem Wind eine Geschwindigkeit erreicht, für die ein gleich großes Motorboot 1000 PS aufwenden müsste. Selbstverständlich braucht das Rotorschiff, wie jedes an-

Abb. 3. Das Flettnerschiff mit den eigenartigen Türmen an Stelle der Segel.

dere Segelboot, ordentlichen Wind. Mit diesem aber erreicht es eine erheblich höhere Geschwindigkeit als ein Segelboot gewöhnlicher Art. Dabei besitzt es die Segelfähigkeiten einer Yacht, d. h. es kann bis zweieinhalb Strich an den

Wind gehen. Bemerkenswert ist weiter seine Wendigkeit. Indem man die beiden Türme gegenläufig rotieren lässt, ist man imstande, das Rotorboot wie einen Zweischrauben-Dampfer auf der Stelle zu drehen. Erwähnung verdient schließlich die große Stabilität des Rotorbootes gegenüber plötzlichen Böen. Die Regulierung der aus dem natürlichen Strom des Windes aufgenommenen Energie erfolgt durch die Tourenzahl, mit der man die Türme rotieren lässt. Die ganze Anordnung kommt nicht etwa auf irgendein verkapptes *Perpetuum mobile* heraus, sondern wirkt gewissermaßen wie eine Steuerung des vom Wind gelieferten Energiestroms ähnlich etwa wie eine Dampfmaschinensteuerung, die Energie des zuströmenden Dampfes beeinflusst und wirken lässt. So verblüffend und unwahrscheinlich die Erfindung auf den ersten Blick wirkt, so sehr hat sie doch bei den Probefahrten alles gehalten, was sie nach der Absicht des Erfinders leisten sollte. ❐

Abb. 4. Seitenansicht des Rotorschiffes.

Zur Geschichte der Berliner U-Bahnen

Fritz Eiselen • Albert Hofmann
Die elektrische Hoch- und Untergrundbahn in Berlin
Mit der Eröffnung der Berliner Hoch- und Untergrundbahn am 18. Februar 1902 fanden zehn Jahre Planung und Bau der ersten deutschen U-Bahn ihren vorläufigen Abschluss. Die damaligen Redakteure der ›Deutschen Bauzeitung‹ Fritz Eiselen und Albert Hofmann schildern die Arbeiten aus Sicht der Ingenieure und Architekten. Dabei gehen sie nicht nur auf die technischen Aspekte ein, sondern widmen sich auch der künstlerischen Ausgestaltung der Strecke und der Bahnhöfe. Zahlreiche Fotos und Zeichnungen illustrieren dieses Zeitdokument der Berliner Verkehrsgeschichte. **• ISBN 978-3-7528-9695-4**

Paul Wittig • Johannes Bousset • Gustav Kemmann • Alfred Grenander
Die Untergrundbahn nach Dahlem und Westend
Nach der Eröffnung der Berliner Hoch- und Untergrundbahn 1902 war das Interesse der gut situierten westlichen Berliner Vororte an einem Schnellbahnanschluss geweckt. Selbstbewusst und mit der Unterstützung finanzkräftiger Terraingesellschaften entwickelten die Städte Charlottenburg und Wilmersdorf Pläne für die Erweiterung der Berliner U-Bahn, wobei die Beteiligten teilweise sehr eigenwillige Vorstellungen zur Streckenführung hatten. In diesem Buch schildern ausgewiesene Experten in zeitgenössischen Original-Beiträgen die Entwicklung der Schnellbahnen vom Nollendorfplatz nach Ruhleben, Krumme Lanke und zum Kurfürstendamm zwischen 1906 und 1930. Mit rund 150 Zeichnungen und Fotos. **• ISBN 978-3-7578-8381-2**

Friedrich Gerlach
Die elektrische Untergrundbahn der Stadt Schöneberg
Die 1910 eröffnete Untergrundbahn der damals noch selbstständigen Stadt Schöneberg – heute die Berliner Linie U 4 – war nicht nur die zweite U-Bahn in Deutschland, sie setzte auch neue Maßstäbe bei der Baulogistik und viele Verfahren der ›Berliner Bauweise‹ wurden hier zum ersten Mal angewendet. Dem Verfasser dieses Buches, Stadtbaurat Friedrich Gerlach (1856 – 1938), oblag die oberste Leitung für das Projekt der Schöneberger Untergrundbahn und so erfährt der Leser aus erster Hand, wie die Strecke geplant und gebaut wurde. Über 120 Zeichnungen und Fotos illustrieren dieses Zeitdokument der Berliner Verkehrsgeschichte. **• ISBN 978-3-7519-1432-1**

Zeitreisen zur Kultur + Technik **edition·epilog·de**
Erhältlich in allen guten Buchhandlungen